男人
成功的法则

谭 波◎著

吉林出版集团股份有限公司

图书在版编目（CIP）数据

男人成功的法则 / 谭波著 . — 长春：吉林出版集团

股份有限公司 , 2018.7

ISBN 978-7-5581-5202-3

Ⅰ . ①男… Ⅱ . ①谭… Ⅲ . ①男性 – 成功心理 – 通俗

Ⅳ . ① B848.4-49

中国版本图书馆 CIP 数据核字（2018）第 134109 号

男人成功的法则

著　　者	谭　波	
责任编辑	王　平　史俊南	
开　　本	710mm×1000mm　　1/16	
字　　数	260 千字	
印　　张	18	
版　　次	2018 年 8 月第 1 版	
印　　次	2018 年 8 月第 1 次印刷	
出　　版	吉林出版集团股份有限公司	
电　　话	总编办：010-63109269	
	发行部：010-67208886	
印　　刷	三河市天润建兴印务有限公司	

ISBN 978-7-5581-5202-3　　　　　　　　　　定价：45.00 元

目录
CONTENTS

第二辑 CHAPTER 02

不屈服，敢于挑战，才能成为理想的自己

目录
CONTENTS

第五辑 CHAPTER 05
没点冒险精神，机会只会与你擦肩而过

目录
CONTENTS

第六辑　CHAPTER 06
你可以善良，但别忘了给你的善良一点锋芒

第七辑 CHAPTER 07
没点果断和狠劲，谈什么克敌制胜

目录
CONTENTS

不逼自己一把，如何对自己的人生负责

●

①

英雄，是男人的一个情结。但是，一曲《真心英雄》却道出了世道的艰难：没有人能随随便便成功。自古英雄多磨难，从来纨绔少伟男，英雄的路就是一条艰苦磨练的路。纵然你不想成为英雄，但身为一个男人，若想有点出息，有所作为，就必须对自己狠一点，对于这一点，没有任何讨价还价的余地。在磨练中成长，在磨练中坚强，一个男人只有不断地超越自己，才能成就伟大的一生。

吃得苦中苦，方为人上人

生活就像是一棵黄连，表面上开着美丽的花朵，而根却是苦的。一个男人，只要他活着就要接受许多挑战，要面对许多难题，再苦也要接受，这似乎就是男人的宿命。

俗话说："吃得菜根香，啥事皆可为。"我国南方一所大学的校训是："嚼得菜根，做得大事。"菜根，就代表了生活的清苦和艰辛。一个男人如果想事业有成，就必须对自己狠一点，让自己经受得住各种艰难困苦的考验。惟有经受得住这些考验，才能彰显出他的男人本色。

史蒂芬逊是大家熟悉的火车发明家。1781年，史蒂芬逊出生于英国，双亲都是矿工，家境贫寒，他十多岁便在矿场上班，18岁时，才有机会上学。毕业后，又到矿场当技工。由于从小目睹矿工工作的艰辛与危险，史蒂芬逊决定为矿工解决这些遇到的工作上的难题。首先他发明了巧妙的矿坑安全灯，解决了采矿的照明问题，减少了意外的灾难发生。其后，他看到矿井底下运煤困难，又致力于火车的研究，希望能减少矿井工人运煤的辛劳。在当时想研究火车，需要大量的经费投入，史蒂芬逊虽然每天过着清苦的生活，但追求成功的意志鼓舞着他克服种种困难，终获成功。

身价54亿美元的台湾首富王永庆说："由于生活中受到的煎熬，才产生了我克服困难的精神和勇气。幼年生活的困苦，也许是上帝对我的赐福。"没有吃不了的苦，却有享不了的福。人们忍受苦难的能力，是非常大的。不论有多么大的困苦，都可以千方百计地去克服。就一个企业的经营来说，也是一样的。企业要成功，要步上康庄大道，就要克服困难，懂得吃苦耐劳。要消除痛苦就需要有刻苦耐劳的韧性。

尽管人们极力地追求成功，追求幸福，同时人们极力躲避痛苦，但是成功本身却少不了痛苦，它是无论如何也躲避不了的事。人们能够做到的，只是如何缩短痛苦，减少、避免那些由于自身的原因所造成的痛苦。而在遇到痛苦之后，则力求化解痛苦，争取成功。

肉体上的痛苦，或者使人疼痛难忍，或者给人的生活带来诸多不便。有一些肉体上的痛苦，还会给人带来心灵上的创伤。灵魂中的痛苦，较之肉体上的痛苦，对人来说，是更加难以忍受的。它或者是自我的谴责，无尽的悔恨，痛不欲生；或者是感到成功的艰难，怀疑成功的意义和价值；或者是处于一种难堪的境地，进退不得，左右不得；或者是受到外来的压力，使人感到没有任何前途；或者是心中不平，使人备感不公。诸如此类的痛苦，是任何人都极力想要避免的。

从理性上看，痛苦并不尽是成功的仇敌，不要把它视为绝对的恶。应该看到，那些必然的、不可避免的痛苦，是有双重性的，它既是获取成功时难以完全避免的，也是人在争取幸福的过程中不可缺少的一种动力。

一个男人要活得健康、幸福，就要吃苦耐劳。对功成名就的人，有些男人只知道羡慕他们的成功，却很少去理会他们在成功以前，究竟尽了多大的努力以及吃了多少难以言状的苦头。古希腊数学家欧几里德，接受当时国王的邀请，为国民讲解几何学。国王见几何学内容庞大、深奥，顿觉厌烦，于是问道，学习几何学，有没有更快的方法呢？欧几里德是这样回答的："在几何里，是没有捷径的。"

人生也是如此。要想成为一个真正的男人，要想获得成功，就必须对自己狠一点，绝没有轻松的捷径可言。

你变了
世界才会变

许多男人总是怨天尤人，抱怨这世界的不公平、不合理。为什么别人就能成为亿万富翁，自己却一贫如洗？为什么别人就能想干什么就干什么，自己却只能被束缚？……其实，怨天尤人是一个男人最没出息的表现。不管你满不满意，现实就是这个样子。男人要对自己狠一点，既然你改变不了世界，那么首先就从改变自己做起，尽自己最大的努力，获得更好的生存条件。心若改变，态度就会改变；态度改变，习惯就会改变；习惯改变，人生就会改变。

这是英国圣公会的主教的墓碑上的一段话：当我年轻自由的时候，我的想像力没有任何局限，我梦想改变这个世界。当我渐渐成熟明智的时候，我发现这个世界是不可能改变的，于是我将目光放短浅了些，那就只改变我的国家吧！但是似乎我的国家也是我无法改变的！当我到了迟暮之年的时候，抱着最后一丝努力的希望，我决定只改变我的家庭，我亲近的人——但是，哎！他们根本不接受改变。在我临终之际，我才突然意识到：如果起初我只改变我自己，接着我就可以依次改变我的家人。然后，在他们的激发和鼓励下，也许我就能改变我的国家。

这是一个主教的终身遗憾。还有一个故事，相信也会对我们有所启迪。

很久以前，人类都还赤着双脚走路。

有一位国王到某个偏远的乡间旅行，因为路面崎岖不平，有很多碎石头，刺得他的脚板又痛又麻。回到王宫后，他下了一道命令，要将国内的所有道路都铺上一层牛皮。他认为这样做，不只是为自己，还可造福于他的百姓，让大家走路时不再受刺痛之苦。但即使杀尽国内所有的牛，也筹措不到足够的皮革，而所花费的金钱、动用的人力，更不知凡几。虽然根本做不到，甚至还相当愚蠢，但因为是国王的命令，大家也只能摇头叹息。

一位聪明的仆人大胆向国王提出建言："国王啊！为什么您要劳师动众，牺牲那么多头牛，花费那么多金钱呢？您何不只用两小片牛皮包住您的脚呢？"国王听了很惊讶，但也当下领悟，于是立刻收回成命，改采这个建议。据说，这就是皮鞋的由来。

想改变世界，但最后国王放弃了，他选择了改变自己，他达到了自己的目的，改变自己的一个想法，路途也就不再遥远和充满疼痛了。

自身的改变有很多，但基本上有三种：个性的改变、脾气的改变、人生观的改变。

俗话说："江山易改，本性难移"。可见，要改变个性并非一朝一夕就可以有所成效的，所谓"大的错误容易反省，小习气不易除掉"。虽说不容易，但也不是说就没有办法改变。因为惟有彻底地改变自己的不良习气，人生才可能有所转变。

"脾气、嘴巴不好的人，心地再好也不是好人。"这句话的另一个解读就是时刻提醒自己，不要乱发脾气，但是，人是很健忘的，特别是在生气时，往往是发完脾气才后悔。因此，人常常有一些自己看不见的盲点，而这些小习气也是影响成功或失败的最大原因。

人生观，是人们对人生问题的根本看法。主要内容是对人生目的、意义的认识和对人生的态度，具体包括公私观、义利观、苦乐观、荣辱观、幸福观和生死观等。人生观是人们在人生实践和生活环境中逐步形成的。由于人们的社会实践、生活境遇、文化素养和所受教育的不同，因而形成不同的人生观。正确的人生观指引人走人生的正道，用自己的劳动去创造人生业绩，成为一个有益于社会有益于人民的高尚的人。错误的人生观将导致人背离人生的正道，走到邪路上去，甚至成为危害社会危害人民的罪人。

对一个男人而言，个性可以改，脾气可以改，人生观可以改。一个好的念头、好的性格、好的学识、好的习惯是不是就构成好的命运，也许不一定尽然，但是凡事境随心转，心念改变也就改变人生不如意的部分，凡事向着阳光看，阴暗面自然会减少。念头改变了，命运也跟着改变，个性改了，命运也一样会改变。当我们改变了念头、个性，其实命运已经开始转变。生命的向度、宽度及视野也将扩大，人生的层次就可以转换为更高层。

不管他人怎么说，就从今天起，让我们做自己真正命运的主人。

要改变世界，先改变自己。

想改变世界，很难；要改变自己，则较为容易。与其改变全世界，不如先改变自己——将自己的双脚包起来。改变自己的某些观念和作法，以抵御外来的侵袭。当自己改变后，眼中的世界自然也就跟着改变了。

其实生活也一样，如果你是一个雄心勃勃的男人，假如你希望看到世界改变，那么，就对自己狠一点，尝试着去改变自己。

好习惯才会
带来巨大收益

有的男人习惯"黎明即起，洒扫庭院"；而有的男人则习惯睡懒觉。有的男人滴酒不沾；有的男人则每天都要喝几杯。有的男人十分注意自己的衣着整洁；有的人则大大咧咧，不修边幅。有的人对人说话谦恭有礼；有的人则高声大嗓，惟恐别人听不见他说话。有的人节俭；有的人铺张。有的人多话；有的人寡言……

每个人都有各种各样的习惯，习惯也在每时每刻影响我们的生活，好习惯是成功的助推器，而坏习惯则是男人人生路上的绊脚石。习惯决定命运，养成好习惯，戒掉坏习惯，说起来容易，做起来难。一个男人如果不对自己狠一点，强迫自己改正，坏习惯是很难改掉的。

有一位农民叫史蒂芬，长期以来养成了抽烟的习惯，最终他为此受到了惩罚。有段时期，史蒂芬抽烟抽得很凶。一次他在度假中开车经过法国，而那天正好下大雨，于是他只得在一个小城里的旅馆过夜。当史蒂芬凌晨两点钟醒来时，想抽支烟，但他发现烟盒是空的，于是他开始到处搜寻，结果毫无所获。此时旅馆的酒吧和餐厅早已关门，如果出去购买香烟则要走很远，但他抽烟的欲望越来越大，几乎不能控制自己，最终他决定出去买烟。然而，当他经过路口时，一辆汽车疾驶而过，而此时他已被烟瘾折磨得神志不清，于是被汽车撞倒了，还好没有受到很大的伤害。

事后，史蒂芬承认，这一切都是抽烟造成的，如果不是长期养成抽烟的坏习惯，也许他不会得到这样的结果。有时候一个坏的习惯一旦定型，它所产生的后果是难以想象的，尤其是习惯这种力量往往是巨大而无形的，当你感觉到它的坏处时，很可能想抵制已经来不及了。

甘地被称为圣雄。一次，一位母亲带着自己的孩子来见甘地，说自己的孩子特别爱吃糖，她想让孩子改掉这个习惯，但怎么说孩子也改不掉，请甘地来劝劝孩子。甘地听了，沉默了一会儿，然后对那母亲说："一个星期后你再带孩子来。"过了一个星期，那母子俩如约来到。甘地对孩子说了一番话，孩子回去后便改掉了自己的坏习惯。

原来，甘地也有爱吃糖的习惯。多年形成的习惯不是轻易能改变的，即使是"圣雄"的甘地也要花一个星期才能改掉自己的"惯病"。

张学良将军年轻时染上了吸鸦片的习惯，他决意戒除，便把自己关在一间屋子里，吩咐家人和手下无论听到屋里有什么动静，都不许进来。他的烟瘾犯了，十分痛苦，用头撞床，大声叫唤。屋外的人听见了，怕他出意外，但谁也不敢进去。这样折腾了一天，屋里没动静了。家人进去看时，张学良静静地在床上睡着了。经过这样的几次折腾，张学良终于戒除了鸦片瘾。

戒除坏习惯还有一难，就是"习惯成自然"后，你要改变它，可能一时奏效，但过段时间它可能又会发作。拿戒烟来说，许多烟民都多次戒了又多次"破戒"。马克·吐温曾幽默地说："戒烟有什么难？我已经戒过一千次了。"因此，戒除坏习惯，要有打持久战的毅力。《韩非子》中讲，西门豹性格急躁，他为了改掉这毛病，就在身上佩带了一条皮带。皮子柔而韧，西门豹借此常提醒自己不要急躁。还有一个叫董安于的，是个慢性子，为了改掉这毛病，他就常佩带一根弓弦。弓弦紧而直，能提醒他办事不拖沓。这就是"韦弦"这个典故的来历。

北京有一个年轻的出租车司机，经过努力，戒掉了毒瘾，他还把自己的体会写成了书。

在书中说："你可以改变你的习惯，当然不像滚动木头那样简单，但是你可以办得到，只要你真心希望这样做。"在书中他提出了五条建议，大家可以参考一下：

（1）首先相信你可以改变你的习惯。对你自我控制的能力要有信心，如此才能为你的基本个性带来积极的改变。

（2）彻底了解这些坏习惯对你身体所造成的不良影响，使你愿意去承受暂时的损失甚至痛苦而培养出要求改变的强烈愿望。面对这些可怕的事实：体重过重会使你的重要器官不堪负荷；酒精会破坏你的身体组织；过度工作这也是一种不好的习惯，可能会使你的死期提早来临等等。

（3）找出某种令你感到满意的事物，用来暂时安慰自己。因为你在戒除一项长期的习惯之后，必会经历一段痛苦的时期，这时就要找些事物来安慰你。像摄影、园艺或弹钢琴这些爱好，可能会协助你成功戒除坏习惯。

（4）发掘将你逼到这种情况的基本问题。你的挫折究竟是什么？你是否低估了自己的价值？为何对自己如此敌视？（这是针对那些因挫折或失败而有了酗酒、多食、吸毒等坏习惯的情况而言的。）

（5）认真处理这些问题，调整你的思想，接受你的失败，重新发掘你的胜利。引导你自己迈向积极的习惯，这将使你的生活获益。为你自己制定新的目标。在积极的活动中获得成功的感觉，这将发挥你的能力与热诚。

戒掉坏习惯只是成功的第一步，下一步就是狠下心来，养成好习惯。鼎鼎大名的比尔·盖茨先生认为，四种良好的习惯——守时、精确、坚定和迅捷——造就了成功的人生。没有守时的习惯，你就会浪费时间、空耗生命；没有精确的习惯，你就会损害自己的信誉；没有坚定的习惯，你就无法把事情坚持到成功的那一天；而没有迅捷的习惯，原本可以帮助你赢得成功的良机，就会与你擦肩而过，而且可能永不再来。

亚伯拉罕·林肯就是通过勤奋的训练才练成了他简洁、明了、有力的演讲风格。温德尔·菲里普斯也是通过艰苦的练习才练就了他那出色的思考能力和杰出的交谈能力。

常言道："播种一种行为，就会收获一种习惯，播种一种习惯，就会收获一种性格。"

好的习惯主要依赖于人的自我约束，或者说是依靠人对自我欲望的否定。然而，坏的习惯却像芦苇和杂草一样，随时随地都能生长，同时它也阻碍了美德之花的成长，使一片美丽的园地变成了杂草丛。那些恶劣的习惯一朝播种，往往10年都难以清除。

当男人到了25岁或30岁的时候，我们就很难发现他们会再有什么变化，除非他现在的生活与少年时相比有了巨大的改变。但令人欣慰的是，当一个人年轻的时候，尽管养成一种坏习惯很容易，但要养成一种好习惯几乎同样容易；而且，就像恶习会在邪恶的行为中变得严重一样，良好的习惯也会在良好的行为中得到巩固与发展。

习惯的力量是一种使所有生物和所有事物都臣服在环境影响之下的法则。这个法则可能会对你有利，也可能对你不利，结果如何全看你的选择而定。

当你运用这一法则时，连同积极心态一起应用，所产生的力量是巨大的，而这就是你思考、致富或实现任何你所希望的事情的根本驱动。

也许你并没有很好的天赋，但是，一旦你有了好的习惯，它一定会给你带来巨大的收益，而且可能超出你的想像。

[不惧孤独，
才有可能获得成功]

生活并不会繁花似锦，一帆风顺，面对生活中各种各样的无奈，有些男人情绪低沉，郁郁寡欢，他们会因此向别人抱怨说自己陷入了寂寞和孤独。其实了解了孤独的真正涵义以后，我们就会发现，所谓的情绪低沉、郁郁寡欢，不过是无病呻吟式的郁闷，是永远不会也不可能和孤独等同的。

多数人把孤独视为生命的苦境，但是请试着回顾人类历史的长河，试问哪一位天才人物不是孤独的呢？

人在小的时候，会因为孤独无靠而害怕，认为那是一种残酷的惩罚。即使长大以后，人们也经常是把孤独的状态归为不幸的原因。但是，我们想到过吗？由于亲友离去而意识到自己孤单地存在着，对比别人的方式而感到自己不同于他们，这不正是我们个体意识茁壮成长的标记吗？当我们投入芸芸众生之中的时候，能意识到自己是独立的人，具有与众不同的性格和风骨，这是多么难能可贵的幸运！

在各种情绪冲动下，我们极易做出后悔终生的傻事来，但受伤的却总是自己。所以，在情绪不好的时候，首先想到的是让自己冷静下来，保持心态的平和，要多接触积极的人和事物，要多读书充实自己。不要轻率地肯定什么或否定什么，要知道，人们是总乐于将一些情感、经历、精神进行分类，把其中的一类归于运气好，并为拥有它感到快乐；而另一类则被当作不幸，引以为深深的恐惧。但是，人们的许多看法是错误的，其中最突出的一例，便是对孤独的理解。

一篇哲思短语中是这样解释孤独的：一颗优秀的灵魂，即使永远孤独，永远无人理解，也仍然能从自身的充实中得到一种满足，它在一定意义上是自足的；一颗平庸的灵魂，并无值得别人理解的内涵，因而也不会感到真正的孤独。相反，一个人对于人生和世界有真正独特的感受，真正独创的思想，必定渴望理解，可是必定不容易被理解，于是孤独产生了。值得庆祝的是，最孤独的心灵，往往蕴藏着最热烈的爱，而且把爱由指定性的爱几个人升华为热爱人生，忘我地探索人生真谛，在真理的险峰上越攀越高，同伴越来越少，直至最后成为屹立于天地间的孤绝。

有一个很好的例子，说明了孤独与卓越的内在联系。一位学生打电话给他的老师，说他很孤独。可老师知道他是一个才华横溢的学生，有良好的成绩和超强的活动能力，还有着许多朋友和追慕者。但他重复说着："我不寂寞，但我很孤独。"

事实上，孤独感是一种贵族化的情绪，不是庸庸碌碌的人所能拥有的。它是上天的赐福，是一种幸运。如果总是感到自己与别人的距离，特别是当你处在距离的前端，由此无人能与你进行直达内心世界的攀谈时，毫无疑问，你会孤独，但你却是优秀的。

大凡历史上的发明家，革命性的政治家，还有开拓性的实业家，都是内心深处的孤独者。他们大多在孩提时代就有深深的孤独感，并且在孤独中思索创造；他们从不四处申诉求告寻求理解，因为他们深知能够被人理解当然是幸运的，但不被理解也未必就是天大的不幸。只有庸人才把自己的价值寄托在他人的理解上面，那样的人以及那样的人生往往并没有太大的价值。

一生与孤独为伴的哲学之父、后精神分析大师可尔恺郭尔，也是善于发现自己的人。他在世时，整个世界都不理解他，甚至敌视和厌弃他。他一方面向整个世界的虚伪和庸俗宣战，一方面回到自己内心，不厌其烦地同自己谈话。

他在短短的一生中写了1万多页日记，也就是说，他几乎天天在同自己谈话。然而，正是这个"真正的自修者"，这个与人类社会格格不入的"例外者"充满绝望和激情的自我倾诉，很多年后成为震撼人类精神的伟大启示。

伟大的诗人都善于发现自己。因为只有善于发现自己，这些诗才更具真实性，更有穿透事物的尖锐性。

请看里尔克的作品是怎样写出来的："不和任何人见面，除了对自己的内心说话之外，绝不开口——这的确是我立下的誓言。"

所谓"对自己的内心说话"，就是写诗，换一种说法，写诗就是诗人同自己谈话的一种方式。在同自己谈话的过程中，诗人把自己生命冲突中体验到的种种图像精确地呈现出来，从而让我们看到了生存的心境、灵魂的锯齿、信念的雪痕以及万物的疼痛。

诗人的声音必然是可靠的、真实的，摒除了所有虚伪、怯懦、狂妄和矫揉造作。世界上最感人的作品往往是作者的内心独白。比如里尔克的《杜伊诺哀歌》、卡夫卡的《城堡》和《变形记》、普鲁斯特的《追忆逝水年华》、西蒙娜·薇依的《书简》……

对自己狠的男人既不怕寂寞也不怕孤独，因为寂寞是一种情绪，孤独是一种境界。人没有理由怕情绪，同样没有理由怕境界。所以睿智的男人不屑于寂寞，但却懂得在孤独中锤炼自己，因为，成大业者都要经历这样的过程。

没有不行，
只有不去

有的男人一辈子没做过一件像样的事，并不是因为他没有才能，而是在他心底里就认为自己不行，自己做不了这件事，连试一试都不敢。

林肯曾经给人讲述过这样一个故事："我的父亲曾经以较低的价格买下了西雅图的一处农场，农场地上有很多石头。母亲建议把石头搬走，但是父亲说：'如果这些石头可以搬走的话，原来的农场主早就搬走了。这些石头都是一座座小山头，与大山连着，哪里搬得完呢？'有一天，父亲进城买马去了，母亲带着我们在农场劳动。她说：'让我们把这些碍事的石头搬走，好吗？'于是我们就开始挖那一块块石头。不久，我们就把石头搬光了。因为它们并不像父亲想像的那样，是一座座小山头，而是一块块孤零零的石块。"

首先认为"我能行"，然后对自己狠一点，逼迫自己证明"我能行"。

当一个男人处于较低的地位时，很容易对自己评价过低。当他认为"我不行"时，无论做什么，都会缩手缩脚，不敢倾尽全力。所以，必须突破"我不行"这种心理障碍，首先假设自己能行，然后去积极尝试，你会发现自己真的能行。

一天，几个白人小孩在公园里玩，一位卖氢气球的老人推着货车走了过来。白人小孩立刻围拢过来，每人买了一个，然后高举着气球，兴高采烈地跑开了。

这时，公园角落里有一个黑人小孩，他羡慕地望着白人小孩，却不敢过去和他们一起玩。白人小孩的身影消失后，他才怯生生地走到老人的货车旁，低声恳求道："您可以卖一个气球给我吗？"

老人温和地说："当然可以。你要一个什么颜色的？"

小孩子鼓起勇气说："我要一个黑色的。"

老人惊诧地看着孩子，给了他一个黑色的氢气球。

小孩开心地拿过气球，不小心小手一松，黑气球在微风中冉冉升起，在蓝天绿地的映衬下形成了一道别致的风景。

老人眯着眼睛看着气球上升，用手轻轻地拍了拍小孩的后脑勺，说："记住，气球能不能升起，不是因为它的颜色、形状，而是因为气球内充满的氢气。一个人的成败不是因为种族、出身，关键是你的心中有没有自信。"

老人的话使小男孩深受鼓舞，他开始摆脱对肤色的自卑，勇于追求自己的梦想。多年后，这个小男孩成了美国著名的心理医生，他就是赫赫有名的基恩博士。

立志有所成就的人，就要相信自己，热爱自己。

拿破仑·希尔告诉我们："只要有信心，你就可以移动一座山。"自信心能告诉你"我能行"，进取心能激励你向所有人证明"我能行"。

很多人梦想着像阿里巴巴那样，喊一声"芝麻开门"，宝库的门就自动打开了。可惜，这只是一个美好的愿望。只靠"愿望"不能达成任何愿望，只有积极的行动才能帮助你心想事成。

威廉曾是一位职业棒球运动员。退役后，他决定做一个保险推销员。当他去一家保险公司应聘时，那位负责招聘的经理拒绝他说："推销员必须有一张迷人的笑脸，而你却没有。"

威廉想："既然我缺少一张迷人的笑脸，我就练出一张迷人的笑脸来！"

自此，威廉每天对着镜子苦练笑脸，或微笑，或大笑。经过一段时间的练习，他对自己"迷人的微笑"很满意了，再次去那家保险公司应聘。经理说："你的嘴确实笑得很迷人，可惜脸部肌肉还是过于僵硬。"

威廉虽然有一点失望，但并不气馁，回来继续练习。他搜集公众人物的照片，细心揣摩他们迷人的笑脸，并对照练习。当他对自己的脸部肌肉能够控制自如时，又去见那位经理。经理再次给他泼了一盆冷水："你的脸还不够迷人，因为你的眼神中没有笑意。"

威廉继续练习，他发现，除非真的感到开心，眼神才会有笑意。

他如愿以偿被那家保险公司录取，并最终成为美国人寿保险业中少数几个年收入超过百万美元的超级明星之一。

以上这则故事告诉人们，一定要打消投机取巧的念头，想得到什么，就逼迫自己去努力争取。缺少成功的条件，就逼迫自己去努力创造条件。当你保持这种积极的心态时，做任何事都能成功。

在事情还没做就认为肯定不能成功，因而放弃尝试，这不是一种好习惯。宁可被事情打败，也胜于不战自败。被事情打败，只能证明自己实力不足；不战自败，不但否定了自己的能力，对勇气和信心都是一种严重伤害。

从潜质上说，每一个男人都有成功的能量。从心情上说，每一个男人都渴望成功。但实际上很多人却始终远离自己的梦想，生活在缺憾中。这是什么原因呢？因为他们对自己不狠，迷恋轻松安逸的生活，得过且过，轻易放弃。

[懂得自制
才能乘风破浪]

如果你是个真正的男人，就不要随意放纵自己，放纵自己等于自杀。人生在世，苛求自己，往往活得太累，而放纵自己，容易误入歧途。随"心"所欲的结果，肯定是伤痕累累。

中国有句古话：没有规矩不成方圆。否则，我们的生活、工作就会毫无章法。生活中充满了数不清的随意性，没有人会替你去管理和安排你的时间。在学校时有老师管着，让你按时交作业；在单位有领导管着，会检查你的考勤和工作进展。自己的日常生活和重大安排呢？从决策到执行到监督落实，全靠你自己。

早晨晨练的时间到了，可是天太冷了，再睡会儿吧；下班回家，本想看会儿书学点东西，可无意间瞄了一眼电视，被剧情吸引，结果40集，你的计划被主人公的泪水冲跑了；星期天本想带孩子去买书，可朋友要聚会，不去不合适；到商场买东西，看到其他商品正在搞促销，买了一些，回家才发现储藏室里放着一个功能相近的东西……

男人要给自己定一个计划以及一些纪律，严格要求自己，看似委屈了自己，强迫自己放弃了很多生活的乐趣，不能够随意、潇洒地生活。其实眼前的这种严格自律，正是你养成良好习惯，克服各种惰性，享受高质量生活的前提。

男人不要随意放纵自己，不要轻易向各种诱惑低头，坚持自己的方向和计划，管理好自己的人生。否则，你很可能随波逐流，因贪图眼前的一点点安逸享受，而损失掉生命中真正的财富。为逞一时之快而以事后的痛苦为代价，实在是划不来。总之，任何事情都要讲究个度，要学会自制，千万别放纵自己。生活中小事无度，则会伤身。比如适量饮酒，活血化淤，失度则伤肝；适时睡眠，除困解乏，过度则精神倦怠；言多必失，食多必胖。人生如果放纵自己，没有自制力，则会伤"心"。业余搞点爱好，利于放松，可如果失度，则会玩物丧志。

2000年小布什击败戈尔成功当选美国总统。但你可曾想到，一个堂堂的美国总统，年轻时候却是一个放荡不羁、缺乏自制力的"坏"青年。

学生时代的布什，学习成绩一般，但对于吃喝玩乐他却样样在行。平时他整天与"狐朋狗友"四处游荡，无所事事。他最大的喜好就是开着自己那辆哈雷-戴维斯摩托车，带着时髦女孩，在大街上飙车。除此之外，每天晚上，他总是泡在各色的舞厅里，不到深夜不会回家，而且每次都是醉醺醺的。老布什看儿子如此不济事，多次谆谆教导，但是，小布什总把父亲的话当耳旁风，依然故我。直到一天，一个很特别的女孩出现在他面前，她的美丽和纯洁一下打动了"花花公子"。在这位姑娘的影响之下，小布什警醒了，他慢慢克制自己的放纵行为，奋发努力，投入政界。经过一番比拼，他终于成就了自己的辉煌，登上了总统的宝座。

自制是一种美德，节制是一种策略。恰到好处的适度，是身心健康的前提。

民间有这样的一个传说：在泰山脚下有一块"三笑石"。传说从前有三位百岁老翁经常在这块石头前锻炼身体，他们个个神采奕奕，精神矍铄。有人问他们长寿的秘诀。甲说："饭前一盅酒。"乙说："饭后百步走。"丙说："老婆长得丑。"三人说完哈哈大笑，"三笑石"因此得名。三位寿星的养生秘诀十分简单，却耐人寻味。饭前适量的酒可以开胃，饭后适当运动有助消化，而老婆丑则可能会像苏格拉底所说："老婆丑，可能会成为一个哲学家。"

放纵自己或许是男人天性里的一部分，或者说是人性的一种倾向，然而放纵与悔恨也往往是人们不快乐的主因，是导致人生悲剧的最关键因素。

这个花花世界诱惑确实太多，而学会约束和驾驭自己则是一生的功课。刚刚学会骑车或开车的男人，通常都是很兴奋的，因为他能够驾驶一个机械的结构体，到处游走。而事实上，学会驾驭自己——这个世界上最复杂的结构体，倒应该是更快乐的事。

男人应该想，驾驭自己，克制自己，首先要有个平和的心态才成，对客观的东西有个实事求是的态度才成。否则，心态偏激，如何能对自己驾驭得了？驾驭自己是一个古老的话题。男人，都是有情绪的，而情绪，总会因外界的刺激而产生相应变化。怎样才能做到平和呢？对男人来说，一要大度。大度能容天下难容之事。这种大度，当然不是无原则地对一切丑恶都睁只眼闭只眼，而是对于一切事物，包括丑恶事物和反常事物，能以理性的态度对待，先承认它再从容应对；二要辩证。辩证即能看到事物的正反两面，看到正反两面即能在事物猝然降临之时不慌不乱，不惊不惧。坏事来了，以其可能转化的光明面中和之，中和则趋于平衡，趋于平衡则心态平和矣。大度和辩证，既和性格有关，又和思想方法有关，还需要假以时日，长期培养磨炼，三者缺一不可。

不放纵自己可不是一句话就可完成的，它意味着一个艰苦的过程。通常信仰宗教和修道的人，大多生活简朴，却祥和快乐，而这一切主要是因为他们立志要修炼自己的身心，以便有绝对的把握来驾驭自己。最近有一些科学家认为，人类的身体中其实有两个人，一个是理智的左脑人，一个是创造性的右脑人，人本身的矛盾就是因为体内左脑人与右脑人的冲突。经常说错话或是做一些马上会后悔的事，是由于左脑人控制不住右脑人。佛陀在菩提树下悟出魔由心生的道理，可能指的就是人们心中任性的右脑人。

著名舞蹈家陶金有一篇纪实文章，十分动人。文章中说，当陶金住进中日友好医院的时候，他的身体已经虚弱得如同残絮败柳，稍动一动，汗水就会湿透衣裳。尽管如此，他还是坚持自己上厕所，不肯如别人一般在床上解决，一直到他临去的前一天也是如此，癌症晚期病人最大的痛苦莫过于剧烈难忍的疼痛。为了不让自己的大脑思维受损，不管多疼，他都尽量不服用含有镇静剂的药物，实在疼得受不了，他就用手指使劲掐自己，掐得身上青一块、紫一块，甚至掐出血来。在生命最后的半个月时间里，陶金出现了昏迷症状，时常昏睡。有一次他主演的电影《摇滚青年》的导演田壮壮来看他时，虚弱的他已经不能出声了，但还是要求坐到沙发上与田壮壮交谈，这情景让田壮壮潸然泪下：一向活蹦乱跳的小陶，怎么只有这么轻，这么弱，却又那么自律，一点都不肯放纵自己，还是那么顽强的生命力……

　　驾驭自己其实就是生命中一个不断学习的过程，从简单的事开始，逐步地去除任性、情绪失控及坏的生活习惯，养成自我节制、不轻易发怒及好的生活习惯。一步一步地学习，中途失败了也不要气馁，就像学开车一样，不断地学习。

　　如果你是个真正的男人，那么就请你记住，快乐的秘诀就是学会驾驭自己。只有这样，在人生的大海中你才能乘风破浪，快乐地航行。

[战胜痛苦，
凤凰涅槃]

人的一生，十之八九都是不如意的事，这是再正常不过的了，假如事事尽如人意，那就是一种美丽的传说了。有些意外总是突然打破我们生活的宁静。失业、破产、离婚、车祸、得了绝症、亲人过世……只要活着一天，这些痛苦就犹如噩梦一样，在我们身边来来往往，挥之不去。

一个人的平静生活突然被掀起波澜，痛苦足以消耗他的心智，磨损他的意志，甚至会让他对善良的道德都产生怀疑。他咒骂着："我这么努力干吗？所有的事都不合理，都不公平，为什么老天要这样对我！"他几乎相信，已经没有什么值得努力的目标，根本找不到任何活下去的意义了。

当你在人生的赌局中，手握着由命运发下来的坏牌，你会紧张得不知如何玩下去。可是，你有没有想过，你其实可以换牌啊！悲剧在所难免，但并不表示你就非得被它打垮，从此与幸福绝缘；而是你能不能转祸为福，在逆境中重新站起来。

意大利的心理学家曾经做过研究，对象是一群因为意外事故而导致截瘫的病人，他们都是年纪轻轻，但却丧失了运用肢体的能力，可以说命运对他们不公平。不过，绝大多数的患者却一致表示，那场意外也是他们这一生中最具启发性的转折点。

调查中有一名叫做鲁奥吉的青年，他在20岁那年骑摩托车出事，腰部以下全部瘫痪。鲁奥吉在事后回忆说："瘫痪使我重生，过去我所做的事都必须重头学习，就像穿衣、吃饭，这些都是锻炼，需要专注、意志力和耐心。"

鲁奥吉以积极面对人生的态度声称，以前自己不过是个浑浑噩噩的加油站工人，整天无所事事，对人生没什么目标。车祸以后，他经历的乐趣反而更多，他去念了大学，并拿到语言学学位，他还替人做税务顾问，同时也是射箭与钓鱼的高手。他强调，如今，"学习"与"工作"是令他最快乐的两件事。

的确，生命中收获最多的阶段，往往就是最难挨、最痛苦的时候，因为它迫使你重新检视反省，替你打开了内心世界，带来更清晰、更明确的方向。

要想生命尽在掌控之中是件非常困难的事，但日积月累之后，经验能帮助你汇集出一股力量，让你愈来愈能在人生赌局中进出自如。很多灾难在事过境迁之后回头看它，会发现它并没有当初看来那么糟糕，这就是生命的成熟与锻炼。

这是基督圣歌中"奇迹的教诲"中的一句歌词："所有的锻炼不过是再次呈现我们还没学会的功课。"学着与痛苦共舞，才能看清造成痛苦来源的本质，明白内在真相。更重要的是，让你学到了该学的功课。

山中鹿之助是日本战国时代有名的豪杰，据说他时常向神明祈祷："请赐给我七难八苦。"很多人对此举都很不理解，就去请教他。山中鹿之助回答说："一个人的心志和力量，必须在经历过许多挫折后才会显现出来。所以，我希望能借各种困难险厄来锻炼自己。"而且他还作了一首短歌，大意如下："令人忧烦的事情，总是堆积如山，我愿尽可能地去接受考验。"

一般人向神明祈祷的内容都有所不同，一般而言，不外乎是利益方面。有些人祈祷幸福，有人祈祷身体健康，甚或赚大钱，却没有人会祈求神明赐予更多的困难和劳苦。因此当时的人对于山中鹿之助这种祈求七难八苦的行为，不能够理解，是很自然的事情，但鹿之助依然这样祈祷。他的用意是想通过种种困难来考验自己，其中也有借七难八苦来勉励自己的用意。

山中鹿之助的主君尼子氏，遭到毛利氏的灭亡，因此山中鹿之助立志消灭毛利氏，替主君报仇。但当时毛利氏的势力正如日中天，尼子氏的遗臣中胆敢和毛利氏敌对的，可说少之又少，许多人一想到这是毫无希望的战斗，就心灰意冷。可是，山中鹿之助还是不时勉励自己，鼓舞自己的勇气。或许就是因为这个缘故，他才会祈祷赐予其七难八苦。

　　一般被喻为英雄豪杰的男人，他们的心志并不见得强韧得像钢铁一样。许多伟人也有过一段内心黑暗的时期，甚至有的曾因觉得前途无望，而想自杀。例如在古巴危机发生时，美国总统肯尼迪在做大胆的决定之前，据说也是紧张而苦恼的。

　　因此，所有的男人都应该记住，再大的痛苦都会过去，只要你能以积极的心态去面对，那么你不仅能战胜痛苦，更能在痛苦中超越自己。

成功者都懂得
学习的重大意义

每个男人都要明白一个道理：成功者一般都懂得学习的重要性，在这个问题上，他们永不自满，他们利用一切可以利用的时间和机会，他们对知识的渴求，好像永远都处于饥饿状态。

日本现在的白领层中，在工作之余学习各种才艺，上空中大学（广播电视大学）或专科学校取得资格的人，竟多达26万人。他们这样进行自我投资，目的是为了提升自己的职位。因为他们知道，一旦你放松了求知的脚步，马上会被人追赶过去。

如果你具有某方面的执照，周围的人们会视你为专家。需要这方面的知识时，第一个就会想到你，因为你在这方面的表现优异，对你的升迁十分有帮助。因此，大家才会积极地为提高自己的能力而努力。

在当今知识经济的社会里，知识越发凸显出它超常的价值，在知识和信息方面落后于人，很快就会被社会淘汰。

社会的发展越来越快，可谓日新月异，知识的更新也越来越快，我们若想成为社会的弄潮儿，就一定要紧跟时代的步伐，随时把握时代发展的脉搏，及时调整自己，了解自己需要哪些知识来武装自己，并以最快的速度为自己充电。这是当今时代人们在社会立住脚跟，并取得成功的必不可少的素质。

自我投资十分重要，因此，在必要的投资上不能舍不得花钱，因为你要想到它给你带来的效益可能远远超过你为它所投入的。现在的人们学电脑、学英语、学开车成为时尚，即使一时用不上，但他们明白"知识用时方恨少"的道理，往往在你需要时，比如在应聘一个重要职位的时候，才发现现学是来不及的。所以平时就要了解社会发展的动态和趋势，了解什么是当前社会中最有用的知识，就要尽快地去掌握它。这样机会到来时，你才会发现你比别人有更大的筹码和胜算。

以前人们求职更多的是注重高收入，眼下，更长远一些的因素开始越来越受到人们的关注：公司能不能提供正规的培训，使自己得以不断提升？也正因为如此，我们看到，在不少单位的招聘广告中，都把"培训机会"写在了显赫的位置上。

随着信息时代新知识的膨胀性扩展，企业管理人员最终意识到，企业内部人力资源必须通过不断的开发，企业员工所具有的知识与技能才能完成再生及再利用，否则这种"易耗型资源"将会随时消耗殆尽。美国Computner world杂志日前的一项以IT从业人员为对象的调查显示：在高工资之外，人们更渴望公司提供培训教程。该杂志表示，管理者必须与IT从业人员进行更有效的交流，提供使专业人员提高技能的机会以及由公司负担的学习进修机会。

实际上，在单位不能满足自己时，有心计的白领们早已自掏腰包开始接受"再教育"。工商管理、计算机、财务、英语等都是比较热门的项目，这类培训更多意义上被当作一种"补品"。在以后的职场冲浪中，这些培训将化作各种资格证书，在求职或跳槽时增加自己的"分量"，有时学历证书反倒排在了后头。

美国职业专家指出，职业半衰期越来越短，所有高薪者，若不学习，无需5年就会变成低薪！人才处于不断折旧中，而学习是防止人才折旧的最好方法。人才市场也随之出现了新的概念，由原来的高学历、高职称就是人才，转向"有需要才是人才"。科技发展一日千里，市场经济千变万化，人才的需求也随之不断改变。

因此，未来社会只有两种人：一种是忙得要死的人，因为工作和学习；另外一种是找不到工作的人。来自人才市场的信息已表明，现在的人才市场对英语人才的需要已经由原先的纯英语人才转向更青睐法律英语、金融英语等复合型人才；IT行业更是如此，由原先的单一IT人才转向更看重IT+管理、IT+产品研发等复合型IT人才，单一型人才的地位眼看难保。

让自己像一个战士一样充满力量

看一个男人够不够狠，首先看他身上的勇气。勇敢地面对挑战，像战士一样勇敢地面对工作中的一切艰难险阻，才是每一个男人应该具有的本色。

对于男人而言，勇气，是通往成功的第一座桥梁。

每一个成功者都知道，在他们为之奋斗的目标中，绝对不可能是一帆风顺的。前进的道路上总会有暗礁险滩，会有狂风恶浪，当然也有不顺心、不如意的时候，也会存在无所适从，甚至胆怯的时候。但那或许只是一瞬间的事，他们从不会因此而退缩，更不会轻言放弃。

而没有勇气的男人如一只"惊弓之鸟"，事业上、生活中的任何一点点风吹草动和坎坷磨难，对他来说都是一场浩劫，一场无可避免的灾难，都是足以令他们惶惶不可终日的巨大恐惧。

美国第一大汽车制造商——亨利·福特在取得成功之后，便成了众人羡慕的人物。有的人觉得他是由于运气，或者是得益于有影响的朋友的帮助，或者说他本身就是一个管理天才，或者他具有常人所认为的形形色色的"秘诀"——所以福特成功了。

事实上只要了解一下福特的行事风格，就可完全知悉他成功的"秘诀"。

多年前，亨利·福特决定改进著名的 T 型车的发动机的汽缸。他要制造一个具有铸成一体的八个汽缸的引擎，便指示工程人员去设计。可是，当时所有工程技术人员无不认为，要制造这样的引擎是不可能的。虽然面对老板，他们还是一口回绝了这样的"无理要求"。

听完技术人员的介绍后，福特没有气馁，他用无可反驳的语气说："无论如何要生产这种引擎。"

"但是，"他们回答道，"这是不可能的。"

"我是绝不相信任何不可能的。去工作吧！"福特命令道，"坚持做这件工作，无论要用多少时间，直到你们完成了这件工作为止。"

被他的气势感染，负责技术的员工只好去工作了。如果他们要继续做福特汽车公司的职员，他们就不能去做别的什么事。六个月过去了，工作没有任何进展。又过了六个月，他们仍然没有成功。这些工程人员愈是努力，这件工作就似乎愈是"不可能"。

在这一年的年底，福特咨询这些工程人员时，他们再一次向他报告他们无法实现他的命令。"继续工作。"福特义无反顾地说，"我需要它，我决心得到它。哪怕它是一只老虎，我也有勇气擒住它！"

最后的情形是怎样的呢？

在这种勇气面前，任何困难和挫折都成了它的手下败将。

当然，制造这种发动机不是完全不可能。后来这种发动机装到最好的汽车上了，使福特和他的公司把他们最有力的竞争者，远远地抛到了后面。

福特的勇气给了技术人员必然成功的心态。他的勇气也让参与研制开发的人员没有任何退路可走。"置之死地而后生"，他们只能孤注一掷，只能成功。

敢于应对挑战的人就是在这样的情形下，把一个个奇迹变成了现实；把一个个不可能变为了可能。

一个真正的男人就是要具有福特那样的气概，怀有非凡的勇气、决不罢休的气势，只有这样才能在人生战场上劈波斩浪，才会无往而不胜。从今天开始，从现在开始，一步一步地走，走出自己的脚印，映出自己的影子，做个浑身上下都充满勇气的男人，做个坚强的男人，不退缩，不后退。一直前行！

随时保持镇静，
才能应对风云万变

在任何情形与环境下，保持着一个清醒的头脑；在别人失掉镇静时保持着镇静；在他人做愚蠢可笑的事时，仍保持一个正确的判断。能够做到这些的男人，总是会让人竖起大拇指，刮目相看。

容易头脑模糊的男人，面临突发事件，或一受到重大的压力，就张皇失措。这样的男人是一个弱者，是不足托以重任的。

在他人束手无策时知道怎样想办法的男人，在别人混乱时仍然镇静的男人，在大责任搁在肩上、大压力加在身上不会慌张混乱的男人，才会处处化险为夷，最终开创出自己的大业。

在某些机关中，往往有这样的男人，在各方面的能力或许还不及其他的职员，但反而会突然升上重要的位置。因为雇主的眼光，并不在意这个职员的"才华"，而注意着头脑清醒、理智健全、判断力正确的人。他最需要的是那种头脑清晰、实事求是，不但能空想，且能真正做事的人。他知道，他的业务之安全、机关之柱石，就系于那些有正确的判断力、有健全的理智的职员身上。

金钱的损失、事业的失败、忧苦与艰难，都不足以破坏他精神上的平衡，因为他是有主见的。他也不会因小成功、小顺利而傲慢自满起来。

在他人都慌张忙乱时，仍能镇定如常、思虑周详，这能给予我们以极大的力量，并在社会里占重要的地位，因为惟有头脑清楚的人，能在惊涛骇浪中平稳地驾驶船只的人，才是社会大众愿意付以重任、委以大事的人。动摇的人、犹豫的人、没有自信的人，临到难关就要倾跌、遇到灾害就要倒地的人，只是一个不经风雨的人，像年幼胆小的姑娘一样，只能在风平浪静之日驾驶扁舟。

冰山在任何情形之下，都不失其恬静与平衡，真是我们的一个绝好榜样！不管狂风吹打得怎样厉害，不管巨浪冲击得怎样猛烈，它都不会动摇、不会颠簸、不会显出一丝受震荡的迹象，因为它八分之七的巨大体积，是沉在水面之下的。它的巨大体积平稳地藏在海洋之中，非惊涛骇浪之势力所能及。这种水面下的巨大的隐藏力，这种伟大的"运动量"使得暴露在水面的那一部分冰山，可以不畏任何风浪。

理智健全、镇定自若的男人在哪儿都是"抢手货"，他们常常是"供不应求"。我们经常可以看到，连很多有本领的人，在多方面的能力很强的人，也会做出各种各样不可理解的、愚不可及的事情。他们不健全的判断、不清楚的头脑，往往阻碍了他们的前程，像流过高低不平的区域中的江水，后波每为前浪打回，所以不得前进一样。

头脑不清晰、判断不健全，这种不良声誉，会使得他人不敢信任你，因此是大大有害于你的前程。

如果你想得到他人"头脑清晰"的承认与称许，你必须强迫自己，努力去做一个头脑清晰的男人。大部分人做事，尤其在做小事时，往往是敷衍了事。他们自己也知道，他们不曾竭尽全力，而所做出来的结果，也不可能尽善尽美，这种行为，往往会降低他们成为头脑清晰的人的可能性。

另外，原因还在于我们大多数人，总是做出二等三等的判断，而不想努力去做出头等的判断。这一切都是因为前者比后者省力、容易得多。

大部分人都是天性怠惰的，我们总喜欢逃避不愉快的艰难的工作。我们不喜欢做那些妨碍我们的安逸、不合我们的情趣，却足以烦恼我们的事情。

假如你对自己狠一点，强迫自己去做那些你应该做的事，而且竭尽你的全力去做，不去听从你的怕事、贪安的惰性，那么你的品格、你的判断力，必会大大增进。久而久之，你自然会成为头脑清晰、镇定自若的人了。

坚忍品格是开创辉煌伟业的根本

成功的男人与平庸的男人最大的区别就在于：他们对自己够狠，能够为了成功忍受一切痛苦，而后者却不能。这种坚忍的品格，就是一个男人开创辉煌伟业的根本。

坚忍是一种对成功的紧紧把握，坚忍是一种对自我的激励和约束。特别是当人们开始创业之初，仅仅凭借思想中的那样一点火花，指引着像长夜漫漫的成功目标前进，此时如果没有一种对成功的信心，没有自我激励和约束，很可能就会前功尽弃。在世界科学史上，有许多科学家因为具备了这种坚忍，从而走向了成功，而有的科学家，虽然离成功只有一步之遥，却由于缺乏坚忍的意志，而功亏一篑。

坚忍，有赖于意志力的支撑。两者的合作，可以使"智慧能"聚焦于需要攻克的难点上，直到情理透彻，豁然开朗。所以在创业的带头人之中，必有一人具有坚忍不拔之精神，能够带领大家继续前进。

坚忍，有赖于热忱的扶持。一个没有专注于事业热情的人，必然缺乏恒久的动力，自然也难以谈到坚忍。所以创业之初必有一人能够以巨大的热情感染和带动大家前进。

坚忍，有赖于可信目标的鼓舞。既定的短期目标与长期目标，是行动的向导，成功的投影，它常可以潜在地激发坚忍的精神。而目标实现的可信性至关紧要，大而失当的目标或计划，反而会削弱坚忍的持续力。

坚忍，有赖于智慧的基石。富于创造性智慧的人，往往也勇于开拓，胆识过人，他们常常敢于坚持做他人望而生畏的事情，使坚忍的心态获得强大的精神鼓舞。

坚忍，有赖于合作意识的强化。未来的世界，不是孤家寡人的世界。坚忍，不属于脱离人群的"自我完善者"。坚忍的稳定心态，在合作意识的强化下，可以形成特别执着的"攻击性力量"，有助于突破种种难以逾越的心理障碍或生活难关。

坚忍，还特别喜欢同希望并行。绝望的人固然谈不上坚忍；即使希望甚微的人，也难拥有足以协助成功进取的心理能量，自然也就谈不上什么坚忍的培植了。

在世界五百强的企业之中，有95％以上的企业创始者都具有以上诸种坚忍不拔的品质。IBM公司的创始者沃森面临多次的失败，而雄心不改；杜邦公司的创建者面临多次重大的危机，却充满信心。这都说明坚忍是一种类似"意志合金钢"的特殊品质，一个男人若有了这种意志就能泰然面对创业道路中的种种艰难困苦，一举取得事业的成功。

不屈服，
敢于挑战，
才能成为理想的自己

————•————

②

　　人生无常，未来就是未知，太多的未知因素让它显得神秘莫测。尽管如此，对于男人而言，有一点是可以肯定的，那就是，你以后会成为一个什么样的人，首先取决于你想成为一个什么样的人。一个够狠的男人绝不会屈服于命运安排和摆布，他们有自己的梦想，他们会自己设计自己的人生，无论发生什么，他们都不会改变初衷。这样的男人最终都会梦想成真，成为自己理想中的人。

消极的信念 只会让你远离成功

作为一个男人，当你慨叹命运的时候，往往是遭受了挫折、对自己失去了信心的时候。这个时候，人们不愿意自己千辛万苦地把握自己的生活，而是任由看不到的命运来左右自己的人生。

当人们对现实的世界极为不满又无力改变时，便把自己交给了未知和虚无，冥想着自己的一切都有一个伟大的神控制着，自己遭遇的不幸都是注定的，无论怎样抗争都是不能改变的。所以，就顺理成章地任由自己放弃努力。这是一种妥协，是自己亲手制作的牢笼，是不肯努力的借口。

一个不屈服于命运的人，在任何情况下都不会认输，不会放任这样的借口将自己吞噬。要知道：命运只是一种虚无的东西，只有在你连遭挫折，倒地不起时，它才会显得真实并且具有强大的威力。

如果你拒绝它，从不承认它的存在，它不但无法存在于你的意识中，也根本无法左右你的意志。

那么，到底是什么在决定着你的人生呢？不管你的出身、地位、处境如何，只有一个人能够彻底改变你所谓的命运，只有一个人能够帮助你，那个人就是你自己。

你的教养，青少年时期所受环境与文化的影响，以及后来形成的世界观，这些本质的东西，直接影响到你的处世方法、你的所作所为。

如果你是消极的，你就永远无法成功，只能屈从于命运的安排，不管那安排是不是合你的心意。

成功所需要的几大重要因素，均与积极有关：志向、信念，永不言败等。

无法想像一种消极的志向或信念有什么成功的可能。

放任自流的后果即是接受失败的"惩罚"。

习惯最初的形式就像一条极不显眼的蜘蛛丝，它不会给你的行为造成什么样的影响。因为你如果觉得它妨碍你的视线、干扰你的行动时，只要一挥手即可扯断它。

然而，日久天长，当它汇聚成一股不可抗拒的巨索时，它的力量就可能改变你的命运走向了。这时，你再想改变它，几乎就不可能了。因为它已经塑造了你的行为模式，形成了你的性格。

俗话说：江山易改，秉性难移。

一种好的习惯一旦形成，它会在你不知不觉中将成功拉到你的面前，无需你刻意地避免什么或更多地提醒自己怎么去做。成功的素质亦可解释为一种惯性，有时候它带给你的暗示与督促是不由自主的。

习惯"蛛丝"拧成的巨索的威力，或将你拉上天堂，或将你坠入地狱。这就是你的命运，但它的制造者就是你自己。

你被困难吓倒，
困难就还会来找你

在通往成功的路上，一个困难就是一次挑战。如果你不是被吓倒，而是奋力一搏，也许对手都能成为你成功的阶梯，也许你会因此而创造超越自我的奇迹。

面对生活带来的苦难，屈服于命运，自卑于命运，并企图以此博取别人的同情，这样的男人永远只能躺在自己的不幸上哀鸣。靠自己的勇敢和坚强一样可以消除困难的阴影，赢得尊重。

每个男人都不可避免的在人生道路上艰难地跋涉着，有失败，也有成功。想战胜失败，第一步就不能被失败所吓倒。

男人不敢向高难度的生活挑战，就是对自己潜能的画地为牢。这样只能使自己无限的潜能得不到发挥，白白浪费掉。这时，不管你有多高的才华，工作上也很难有所突破，职场上遭遇挫折更不是什么新鲜事。不得志之余，你万分羡慕那些有卓越表现的同事，羡慕他们深得老板器重，说他们运气好。殊不知，每个人的成功都不是偶然。这就好比禾苗的茁壮成长必须有种子的发芽一样，成功者之所以成功，之所以能得到老板的青睐，很大程度上取决于他们勇于挑战困难的工作。

在竞争激烈的职场中，正是秉持这种精神，他们磨砺生存的利器，不断力争上游，脱颖而出。对老板而言，这类员工是他们永远不变的最佳选择。正如一位老板所说："我们所急需的人才，是有奋斗进取精神、勇于向困难挑战的人。"

香港富豪包玉刚生前雄踞"世界船王"宝座，他所创立的"环球航运集团"，在世界各地设有20多家分公司，曾拥有200多艘载重量超过2000万吨的商船队。他拥有的资产达50亿美元，曾位居香港十大财团的第三位。

包玉刚的平地崛起，令世界上许多大企业家为之震惊：一个华人结束了洋人垄断国际航运界的历史。包玉刚以一条破船起家，经过无数次惊涛骇浪，渡过一个又一个难关，终于建起了自己的王国。回顾一下他成功的道路，他在困难和挑战面前所表现出的坚定信念，对每一个梦想成功的人都是很有启发的。

包玉刚不是航运家，他的父辈也没有从事航运业的。中学毕业后，他当过学徒、伙计，后来又学做生意，30岁时升到了上海工商银行的副经理、副行长，并小有名气。31岁时包玉刚随全家迁到香港，他靠父亲仅有的一点资金，从事进出口贸易，但生意毫无起色。包玉刚拒绝了父亲要他投身房地产的要求，表明了欲从事航运的打算，因为航运竞争激烈，风险极大，亲朋好友纷纷劝阻他，以为他发疯了。

但是包玉刚却信心十足，他看好航运业并非异想天开。他根据在从事进出口贸易时获得的信息，坚信海运将会有很大的发展前途。经过一番认真分析，他认为香港背靠大陆、通航世界，是商业贸易的集散地，其优越的地理环境有利于从事航运业。37岁时包玉刚正式决心搞海运，他确信自己能在大海上开创一番事业。而他也是香港五大船王中最后一个下水的，但却后来居上。

包玉刚早有独立创业的强烈意识，终于，他抛开了他所熟悉的银行业、进出口贸易，投身于他并不熟悉的航海业，人们对他的讥笑多于嘉许。的确，对于穷得连一条旧船也买不起的外行，谁也不肯轻易把钱借给他，人们根本不信他会成功。他四处告贷，但到处碰壁，尽管钱没借到，但他经营航运的决心却更加强烈了。后来，在一位朋友的帮助下，他终于贷款买来一条有20年航龄的烧煤旧货船。从此包玉刚就靠这条整修一新的破船扬帆起锚，跻身于航运业了。

包玉刚一条破船闯大海，当年曾引起不少人的嘲弄。但是，包玉刚并不在乎别人的怀疑和嘲笑，他相信自己会成功。他抓住有利时机，正确决策，不断发展壮大自己的事业，终于成为世界上最大的私营船舶所有人。

男人的能力在一般情况下，只发挥了很少一部分，而在超越现实、挑战极限的过程中，几乎会全部发挥出来。就像是一个处于潜伏期的活火山，一旦足够的信念诱使其喷发，必将势不可挡，创造出事业和成功的巅峰。

经历了考验才不会惧怕挑战。

汤姆·邓普西是著名的橄榄球运动员。他一生下来的时候只有半只左脚和一只畸形的右手，父母从不让他因为自己的残疾而感到不安。结果，他能做到任何健全男孩所能做的事。如果童子军团行军10里，汤姆也同样可以走完10里。

后来他学踢橄榄球，他发现，自己能把球踢得比在一起玩的男孩子都远。他请人为他专门设计了一只鞋子，参加了踢球测验，并且得到了冲锋队的一份合约。

但是教练却尽量婉转地告诉他，说他"不具备做职业橄榄球员的条件"，暗示他去试试其他的事业。最后他申请加入新奥尔良圣徒球队，并且请求教练给他一次机会。教练虽然心存疑虑，但是看到这个男子这么自信，对他有了好感，因此就收了他。

两个星期之后，教练对他的好感加深了，因为他在一次友谊赛中踢出了55码，并且为本队得了分，而且在那一季中为他的球队挣得了99分。

他一生中最伟大的时刻到来了。那天，球场上坐了六万六千名球迷。球是在28码线上，比赛只剩下了几秒钟。这时球队把球推进到45码线上。"邓普西，进场踢球。"教练大声说。

当汤姆进场时，他知道他的队距离得分线有55码远，那是由巴第摩尔雄马队毕特·瑞奇踢出来的。球传接得很好，邓普西一脚全力踢在球身上，球笔直在前进。但是踢得够远吗？六万六千名球迷屏住气观看，球在球门横杆之上几英寸的地方越过，接着终端得分线上的裁判举起了双手，表示得了3分，汤姆队以19比17获胜。球迷狂呼乱叫为踢得最远的一球而兴奋，因为这是只有半只左脚和一只畸形的右手的球员踢出来的！

"真令人难以相信！"有人感叹道，但是邓普西只是微笑。他想起他的父母，他们一直告诉他的是他能做什么，而不是他不能做什么。他之所以创造这么了不起的纪录，正如他自己说的："他们从来没有告诉我，我有什么不能做的。"

所以，面对生活的挑战，不管是先天的缺陷还是后天的困难，都不要自己怜惜自己，而要咬紧牙关挺住，然后像狮子一样勇猛向前。

其实并不是苦难成就了天才，也不是天才特别热爱苦难。苦难在我们的生活中，任何人都会碰到，只是有的人退缩了，有的人去勇敢地面对。退缩的人就此沉没，克服的人，成了生活的强者。

男人要牢记，在你的心里一定不要有"不可能"三个字。任何的失败，都是生活的挑战，失败并不可怕，可怕的是以自己的缺憾为借口。相反，缺憾应当成为一种促使自己向上的激励机制，它也是你生活的一种表征，是你勇敢的转化。

[给自己的人生
规划一个最佳的方向]

生活中有很多男人没有确定目标和抱负，没有规划良好的人生计划，而只是一天天地得过且过，持有这种人生态度的，不要说取得全面的成功，即便是想取得某一领域的成功也是不可能的。

在生活的海洋中，我们随处都可以看到这样一些人，他们只是毫无目标地随波逐流，既没有固定的方向，也不知道停靠在何方，他们在浑浑噩噩中虚掷了多少宝贵的光阴，荒废了多少青春的岁月。他们在做任何事时都不知道其意义的所在，他们只是被挟裹在拥挤的人流中被动前进。假如你问他们中的一个人打算做什么，他的抱负是什么，他会告诉你，他自己也不知道到底要去做什么。他只是在那儿漫无目的地等待机会，希望以此来改变生活。

怎么可能指望一个在生活中没有目标的人到达某个目的地呢？怎么可能指望这样的人不处在混沌和迷惘当中呢？

对那些不甘于平庸的人来说，养成时刻检视自己抱负的习惯，并永远保持高昂的斗志，这是完全必要的，要知道，一切都取决于我们的抱负。一旦它变得苍白无力，所有的生活标准都会随之降低。我们必须让理想的灯塔永远点燃，并使之闪烁出熠熠的光芒。

我们到处都可以见到这样的人，他们有着最良好的装备，具备一切最理想的条件，而且也似乎是正在整装待发，然而，他们行动的脚步却迟迟不能挪动，他们并没有抓住最好的时机。造成这一现象的原因就在于，在他们身上没有前进的动力，没有远大的抱负。

一块手表可能有着最精致的指针，可能镶嵌了最昂贵的宝石，然而，假如它缺少发条的话，它仍然一无用处。同样，人也是如此，不管一个年轻人受过多么高深的大学教育，也不管他的身体是多么的健壮，假如缺乏远大志向的话，那么他所具有的条件无论是多么的优秀，都没有任何意义。

有这样一些颇具才干的人，尽管年逾三十，但仍然没有选择好一生的职业。他们说并不知道自己适合做什么。对于这样的人来说，即便再怎么才华横溢，也会在漫无目的的东碰西撞中磨掉了身上的锐气。

雄心抱负通常在我们很小时就初露锋芒。假如我们不注意仔细倾听它的声音，假如它在我们身上潜伏很多年之后一直没有得到任何鼓励，那么，它就会逐渐地停止萌动。原因很简单，就跟其他没被使用的品质或功能一样，当它们被弃置不用时，它们也就不可避免地趋于退化或消失了。

这是自然界的一条定律，只有那些被经常使用的东西，才能长久地焕发生命力。一旦我们停止使用我们的肌肉、大脑或某种能力，退化就自然而然地发生了，而我们原先所具有的能量也就在不知不觉中离开了我们。

假如你没有去注意倾听心灵深处"努力向上"的呼声，假如你不给自己的抱负时时鞭策加油，假如你不通过精力充沛的实践有效地对其进行强化，那么，它很快就会萎缩死亡。

没有得到及时支持和强化的抱负就像是一个拖延的决议。随着愿望和激情一次次地被否定，它要求被认同的呼声也越来越微弱，最终的结果就是理想和抱负的彻底消亡。

在我们周围的人群中，这种最后抱负消亡、理想灭失的人数不胜数。尽管他们的外表看来与常人无异，但实际上曾经一度在他们的心灵深处燃烧的热情之火现在已熄灭了，取而代之的是无边无际的黑暗。他们在这块大地上行走，却仿佛只是没有灵魂的行尸走肉。他们的生活也就变得毫无意义。不管是对他们自己还是对这个世界，他们的存在都变得毫无价值。

假如说在这个世界上存在着一些可怜卑微的人的话，那么毫无疑问，那些抱负消亡的人是属于其中的一类——他们一再地否定和压制内心深处要求前进和奋发的呐喊，由于缺乏足够的燃料，他们身上的理想之火已熄灭了。

对于任何人来说，不管他现在的处境是多么恶劣，或者先天的条件是多么糟糕，只要他保持了高昂的斗志，热情之火仍然在熊熊燃烧，那么他就是大有希望的；但是，如果他颓废消极，心如死灰，那么，人生的锋芒和锐气也就消失殆尽了。

在我们的生活中，最大的挑战之一就是怎样才能保持对生活的激情，远离毫无目的的生活，确定奋斗目标，永远让炽热的火焰燃烧，并且保持这种高昂的境界。

有很多人往往以这种想法从心理上欺骗自己、麻醉自己——只要自己有乐观向上、期盼着实现自己的理想和抱负的想法，其实他们就已达到了目标。但是，这种光说不做，或者做起事来拖泥带水的人，实际上只是在内心里担心成功的幻想被拿到现实中去检验。他们的等待一方面是打算多享受一会儿"可能成功"的幻想，另一方面是想有可能天降大运，自然功成。然而，天上只下过风雪雨雹，从来没掉过馅饼和大运。

理想和抱负是需要由众多的不同种类的养料来进行滋养的，这样才能使之蓬勃常新。空虚的、不切实际的抱负没有任何意义。

如果一个人胸无大志，游戏人生，那是非常危险的。只有在坚强的意志力、坚忍不拔的决心、充沛的体力，以及顽强的忍耐力的支撑下，我们的理想和抱负才会变得切实有效。

目标就是你人生的第一道冲线

男人都想有自己的一片宽阔的人生舞台，但你应首先清楚，你要的是一个什么样的舞台。

一个人活得没有志气，最突出的表现就是没有自己的人生目标。没有目标就好像走在黑漆漆的路上，不知往何处去。而所谓的目标，就是你对自己未来成就的期望，确信自己能达到的一种高度。目标为我们带来期盼，刺激我们奋勇向上。当然，在为达到目标而努力奋斗的过程中可能遭遇挫折，但仍要坚定信念、精神抖擞。

美国的一份统计数据显示，一个人退休以后，特别是那些独居老人，假若没有任何生活目标，每天只是刻板地吃饭和睡觉，虽然生活无忧，但他们后来的寿命一般不会超过7年。心理学家研究表明："没有了目标，便丧失了生存的目的和方向，而潜意识地决定生存也没有什么意义。"

清晰的目标能协助我们走向正确的方向，不致于走许多冤枉路，就好像赛跑选手一样，他们都是朝着终点进发，目标就是第一个冲线。

更重要的是确定目标能使我们集中意志力，并清楚地知道要怎样做才可获得要追求的成果。

下面的这个故事就说明了这个道理。

一位父亲带了三个儿子到沙漠猎取骆驼，结果大儿子和二儿子都空手而回，只有小儿子猎得骆驼，让老爸开怀。

父亲问大儿子，"你在沙漠上看到什么？"他轻描淡写地说："也没什么，只是一片大漠和几只骆驼而已。"二儿子呢？问他看到什么？他颇兴奋地答道："大哥看到的，我都看到了，还有沙丘、猎人、烈日、仙人掌。我还是比大哥优秀吧！"小儿子呢？他认真地答道："我只看到骆驼。"所以，无论你是满不在乎，还是兴致勃勃，如果没有清晰的目标，结果都是一样的，大儿子和二儿子都是白走了一趟。

美国加州大学生物影像研究所主任乔治·布森对一部分人进行调查。他将这些人分为两组：一组是设定好目标，再制定一套行动策略去实现目标的人；一组是没有特别设定目标的人。结果，有目标的那组人，平均每月赚7401美元；没有目标的人，平均每月赚3397美元。正如所料，奋勇向前的那一组人，较有冲劲，对生活及工作很满意，婚姻很和谐，身体也很好。

事实上，随波逐流、缺乏目标的人，永远没有机会淋漓尽致地发挥自己的潜能。因此，我们一定要做个目标明确的人，生活才有意义。不幸的是，多数人对自己的愿望，仅有一点模糊的概念，而只有少数人会贯彻这模糊的概念。一般人每日上班的理由，是为了重复昨天的工作。想来真是可悲，许多人在公司5年，却没有5年的经验，只能说有5次一年的经验。他们一再重复过去的表现，对于来年从不订立特定的目标。

美国作家福斯迪克说得好："蒸汽或瓦斯只有在压缩的状态下，才能产生推动力；尼亚加拉瀑布也要在巨流之后才能转化成电力。而生命惟有在专心一意、勤奋不懈的时候，才可获得成长。"

不论是个人、家庭、公司或国家，都需要目标。目标牵涉的层面很广，为达到目标，我们必须尽一切努力。

住在乔治亚州的赖嘉随父母迁至亚特兰大市时，年仅4岁。他的父母只有小学五年级的学历，因此当赖嘉表示要上大学时，他的亲友大多不表示支持，但赖嘉心意已决，最后果真成为家中唯一进大学的人。但是，一年之后，他却因贪玩导致功课不及格，被迫退学。在接下来的6年里，他过着得过且过的生活，毫无人生目标，他多半时候都在一家低功率的电台担任导播，有时也替卡车装卸货物。

有一天，他拿起魏特利的一本著作——《志在夺标》，从那时起，他对自己的看法完全改变，发觉自己拥有不凡的能力，重获新生的赖嘉，终于了解到目标的重要性。的确，目标决定我们的未来。

赖嘉的目标是重返大学，然而他的成绩实在太糟了，以致连遭墨瑟大学拒绝两次。在遭到第二次拒绝之后的一天，赖嘉无意间撞见院长韩翠丝，他趁机向她表明心志。结果，院长答应了他的请求，准许他入学，但有一个附带条件：他的平均分数要达到乙等，否则就要再度退学。

赖嘉一改过去的散漫态度，以信心坚定、目标明确、内心无畏的姿态，重新踏入校门。他每季平均进修20个学分，经过两年零三个月，即以优异成绩取得学位，紧接着再迈向另一个更高的目标。这就是计划性目标的绝妙好处。当他完成第一阶段的目标后，新的目标也会跟着形成，信心将更加坚定，成就会更大，兴趣会更多。

这个伐木工人的儿子终于成为一名博士，他还在全美发展最迅速的教会中担任牧师，教会地点就在费特维尔市，距他成长的亚特兰大仅数分钟车程。

事实上，从赖嘉自认为是个成功者之后，他的目标便一个接一个的出现，他也成为一个筑梦的人。

赖嘉的成功说明：改变人生方向、确定人生目标之后，勤勤恳恳地努力工作，兢兢业业地埋头苦干，一定会取得这样或那样的成功。

一代伟人亚历山大大帝的成败也与目标这个看似简单的词有关。当亚历山大大帝拥有远大目标，而远景盘踞在他的心里时，他便能征服世界。当他的远大目标或梦想一旦消失，却连一只酒瓶也征服不了。牧羊人大卫因为有远大目标，而得以征服巨人歌利亚，远大目标破灭之后，他却连自己的欲望也战胜不了……

为了攀越人生巅峰，在个人、家庭、事业、生活等方面获得成功，男人就必须有志气地活着，有目标地活着。明白自己需要什么样的舞台，来秀出一个阳刚、快乐而成功的自己。

走自己的路，让别人去说

"走自己的路，让别人去说吧！"这是何等的自信与洒脱。

男人，如果你充分相信自己，你就具备了从事任何事业的信心与能力。只要你敢于探索那些陌生的领域，就可能体验到人生的各种乐趣。想想那些被称为"天才"的名人，那些生活中颇有作为的人，那些在政界和商界颇有影响的人物，他们都具有一个共同的特性：他们从不回避未知事物。例如，富兰克林、贝多芬、萧伯纳、丘吉尔以及许多其他伟人，他们都是敢于探索未知的先驱者。跟你一样，他们也都是普通的人，只不过是他们敢于走他人不敢走的路。

只要愿意，你可以去做任何事情，而不一定非得等到有一个明智合理的理由。你没有必要在做每一件事情之前非得寻找一个理由。如果事事都要有理由再做，你就不能去尝试新的经历。

其实，世上本没有路，走的人多了，也便成了路。

只有那些勇于探索未知的人，才能带领他人走出一条路来。事实上，任何一位伟人都是普通而平凡的，他们的伟大之处往往体现在其敢于探索的品质和勇气之上。

要积极尝试新事物，就必须摒弃这种观点——改变现状不如苟且偷安，因为改变将带来许多不稳定的未知因素，并存在一定的风险。也许你一直认为自己非常脆弱，经不起摔打，如果涉足一个完全陌生的领域，就会碰得头破血流，这是一种荒谬的观点，也是你对自己不具信心的表现。当你身处逆境时，你可以依靠自己战胜困难；当你遇到陌生事物、身处陌生环境时，你不会经不起考验，更不会一蹶不振。相反，如果消除生活中的一些单调的常规，倒会减少你精神崩溃、厌倦生活的可能。对生活感到厌倦，这会削弱一个人的意志并产生一种不健康的心理影响。一旦对生活失去了兴趣，你就可能首先在精神上垮掉。然而，如果你不断给自己的生活寻找一些未知的因素，你的生活就增添了许多色彩，你也会变得更加充实、上进。

你也许还抱有这样一种心理意识："这件事异常独特，让人觉得奇怪，我还是躲得远一些好。"这种心理状态使你无法获得一种积极尝试新生事物的经历。例如，当你遇到一位不会讲汉语的美国人在商场购物遇到语言障碍时，而你正好学过英语，这也是你帮助他人和锻炼自己的一个良机。而你却不敢，因为你担心自己说错英语或者一时搭不上腔而出洋相。于是你可能假装自己什么也不懂，或者悄悄溜走，这样避免了许多可能不利的未知因素。记得有一句话是说在一个人的一生当中，犯的最大错误就是永远不犯错误，请好好地琢磨它的含义吧。

你还可能认为，不管做任何事情，都一定要有某种理由，否则做它又有什么意义呢？这种观点纯属谬论！当你还是个孩子时，你会逗蚂蚱玩上一个小时，其理由只不过是你喜欢逗蚂蚱玩。你或者还曾因喜欢捉迷藏的游戏而只身一人跑到树林"探险"——其实，你当时并没想到任何理由，只不过是因为你喜欢这样。当你慢慢长大成人时，你的行为受到更多的羁绊，你每做一件事情之时都得找到一个看似合理的理由。这种"热衷"于理由的做法会阻碍你个人的成长与发展，使你不能开放自己。

劣势也能变成优势

对于一个人来说，具备一个优点的同时必然伴随着一个相对的缺点。性子直、无城府容易意气用事，不过在特定的情况下，这一性格缺陷反倒会帮忙。

某电影导演，为拍一部片子四处寻找合适的演员。一天，发现了一个合适人选，便通知他准备试镜头。这个人十分高兴，理了发，换上新衣，对镜子左照右照，总感到自己两颗"犬牙"式的牙齿不好看，于是到医院把牙齿拔掉了。后来，他兴致勃勃地去报到，导演一见到他，失望地说："对不起，你身上最珍贵的东西，被你自己当缺陷给毁了，影片已经不需要你了。"

这个长犬牙的人没有意识到自己的这种短处在这里正是长处，因而毁掉也许能帮助他由此走上成功的"缺陷"，也就失去了一次走上银幕的宝贵机会。当然，主要原因在于导演，他没有告诉这个人这一点。但在现实生活中，也同样没有人会指出我们的缺陷正是我们可以利用从而走向成功这一点，因此，我们只有对自身抱着积极的态度，不懈地去追求，也许才能实现这种通过另一种途径取得的成功。

戴尔·卡耐基在弗吉尼亚州一个旅馆碰到了班·符特先生。这个坐在轮椅上的撰稿人的历程让卡耐基感慨不已。

"事情发生在1930年"，他微笑着告诉卡耐基，"我砍了一大堆胡桃木的树枝，准备做菜园豆子的撑架。我开着福特车把这些枝条运回家。但意外的事很快便发生了：枝条卡在车的引擎之中，汽车翻滚出公路老远，我受了重伤，两腿瘫痪了。"

"出事的那年我只有24岁，从那以后我从来就没有走过一步路。"

才24岁，就被轮椅决定了一生。卡耐基问他怎么能够这样有勇气来接受这个事实，他说："我以前并不如此。"他说很长一段时间里，愤恨和难过占据了他的心灵，他抱怨命运。可是，抱怨并不能改变一切，他继续说："愤恨没有改变我的一丁点现状，我终于明白并告诉自己，我应庆幸发生过那样一件事。"

他告诉卡耐基，当他克服了当时的震惊和悔恨之后，就开始生活在一个完全不同的世界里，他开始看书，对好的文学作品产生了喜爱，书给他带来了生命的意义。好的音乐也能给他莫名的感动。

"有生以来第一次"，他说，"我能让自己仔细地看看这个世界，有了真正的价值观念，我开始了解，以往我所追求的事情，实际上大部分一点价值也没有。"

我们愈研究那些有成就者的奋斗经历，就愈加深刻地感觉到，他们之中有非常多的人之所以成功，是因为他们开始的时候有一些会阻碍他们的缺陷，促使他们加倍地努力而得到更多的报偿。正如威廉·詹姆斯所说："我们的缺陷对我们有意外的帮助。"

也许正是这样，我们无法否认，很有可能密尔顿就因眼瞎，才能写出更好的诗篇；而贝多芬的耳聋也使他创作出更好的曲子。

如果柴可夫斯基不是那么的痛苦——他悲剧性的婚姻常逼他走向自杀的边缘——如果他自己的生活不是那么悲惨，我们哪里还有可能去欣赏那首不朽的《悲怆交响曲》？

如果陀思妥耶夫斯基和托尔斯泰的生活不是那样地充满折磨，他们可能永远也写不出那些不朽的小说。

海伦·凯勒写道："如果我不是有这样的残疾，我也许不会做到我所完成的这么多工作。"

也许正因为这种人间的奇迹，哲学家尼采对"超人"下了这样一个定义："不仅能在必要的情况下忍受一切，而且还会喜爱这种情况，因为他将借助它成功。"

美国总统罗斯福是一个有缺陷的人，他小时候是一个脆弱胆小的学生，在学校课堂里总显露出一种惊惧的表情。他呼吸就好像喘大气一样。如果被喊起来背诵，立即会双腿发抖，嘴唇也颤抖不已，回答起来含含糊糊、吞吞吐吐，然后颓然地坐下来。由于牙齿的暴露，难过的表情使他没有一个好的面孔。

像他这样的其他孩子，自我的感觉也许会很敏感，会常常避免同学间的任何活动，不喜欢交朋友，成为一个只知自卑的人。然而，罗斯福虽然有这方面的缺陷，但却有着奋斗的精神。事实上，缺陷促使他更加努力奋斗。他没有因为同伴对他的嘲笑而减低勇气。他喘气的习惯变成了一种坚定的嘶声。他用坚强的意志，咬紧自己的牙床使嘴唇不颤动而克服他的惧怕。

没有一个人能比罗斯福更了解自己，他清楚自己身体上的种种缺陷。他从来不欺骗自己，认为自己是勇敢、强壮或好看的。他用行动来证明自己可以克服先天的障碍而得到成功。

凡是他能克服的缺点他便克服，不能克服的他便加以利用。通过演讲，他学会了如何利用一种假声，掩饰他那无人不知的暴牙，以及他的打桩工人的姿态。虽然他的演讲中并不具有任何惊人之处，但他没有因自己的声音和姿态而遭失败。他没有洪亮的声音或是威武的姿态，他也不像有些人那样具有惊人的辞令，然而在当时，他却是最有力量的演说家之一。

由于罗斯福没有在缺陷面前退缩和消沉，而是充分、全面地认识自己，在意识到自我缺陷的同时，能正确地评价自己，在顽强之中抗争，不因缺憾而气馁，将它加以利用，变为资本，变为扶梯而登上名誉巅峰。因此在晚年，已经很少有人知道他曾有严重的缺憾了。

除了这种不退缩不消沉的意志能使缺陷帮助成功，另一种巧妙的转化也有同样的效果。

曾长期担任菲律宾外长的罗慕洛穿上鞋时身高只有1.63米，原先，他与其他人一样，为自己的身材而自惭形秽。年轻时，也穿过高跟鞋，但这种方法令他精神上不舒服。他感到这是在自欺欺人，于是便把它扔了。后来，在他的一生中，他的许多成就却与他的"矮"有关，也就是说，矮倒促使他成功。以致他说出这样的话："但愿我生生世世都做矮子。"

1935年，大多数的美国人尚不知道罗慕洛为何许人也。那时，他应邀到圣母大学接受荣誉学位，并且发表演讲。那天，高大的罗斯福总统也是演讲人，事后，他笑吟吟地怪罗慕洛"抢了美国总统的风头"。更值得回味的是，1945年，联合国创立会议在旧金山举行，罗慕洛以无足轻重的菲律宾代表团团长身份，应邀发表演说。讲台差不多和他一般高，等大家静下来，罗慕洛庄严地说出一句："我们就把这个会场当作最后的战场吧。"这时，全场突然一片寂静接着爆发出一阵掌声。最后，他以"维护尊严，言辞和思想比枪炮更有力量……唯一牢不可破的防线是互助互谅的防线！"结束演讲时，全场响起了暴风雨般的掌声。后来，他分析道：如果大个子说这番话，听众可能客客气气地鼓一下掌，但菲律宾那时离独立还有一年，自己又是矮子，由他来说，就有意想不到的效果，从那天起，小小的菲律宾在联合国中就被各国当作资格十足的国家了。

由这件事，罗慕洛认为矮子比高个子有着天赋的优势。矮子起初总被人轻视，后来，有了表现，别人就觉得出乎意料，不由得佩服起来，在人们的心目中，成就就格外出色，以致平常的事一经他的手，就似乎成了破石惊天之举。

的确如此，这些因为某种缺陷而得福的事例告诉我们，只要会利用，缺陷也会变成有利条件。作为一个男人，不应该因为自己的某些缺陷而沉浸在自我怜悯甚至是自卑中，而应该利用它所取得的成功，而这种成功反而通常是不能通过所谓的正常途径得到的。

［只有你下定决心成功，才有可能成功］

成功属于愿意成功的人。成功有明确的方向和目的。你不愿成功，谁拿你也没办法；你自己不行动，上帝也帮不了你。

成功并不是一个固定的蛋糕，数量有限，别人切了，你就没有了。成功的蛋糕是切不完的，关键是你是否去切。你能否成功，与别人的成败毫无关系。只要自己想成功，与别人的成败毫不相关。只有你自己下定决心成功，方会有成功的可能。

在美国田纳西州的一个小镇上，有一个小女孩，她是个私生子，人们歧视她，直到上学也没有改变，那种冰冷、鄙夷的眼光，使她变得懦弱、自我封闭。直到小女孩13岁的时候，镇上来了一个牧师，从此改变了她的一生。小女孩听大人说，这个牧师非常好。她非常羡慕别人的孩子一到礼拜天，便跟着自己的父母，手牵手地走进教堂。她也曾经无数次躲在远处，看着镇上的人们兴高采烈地从教堂里出来。她只能通过教堂庄严神圣的钟声和人们面部的神情，想像教堂里是什么样及人们在里面干什么。

有一天，她终于鼓起勇气，待人们进入教堂后，偷偷地溜进去，躲在后排倾听——牧师正在讲：

"过去不等于未来。过去你成功了，并不代表未来还会成功；过去失败了，也不代表未来就要失败。因为过去的成功或失败，只是代表过去，未来是靠现在决定的。现在干什么，选择什么，就决定了未来是什么！失败的人不要气馁，成功的人也不要骄傲。成功和失败都不是最终结果，它只是人生过程的一个事件。因此，这个世界上不会有永恒成功的人，也没有永远失败的人。"

小女孩被深深感动了，她感到一股暖流冲击着她冷漠、孤寂的心灵。但她马上提醒自己：得马上离开，趁同学们、大人尚未发现她时赶快走。

第一次听过后，就有了第二次、第三次、第四次、第五次冒险——但每次都是偷听几句话就快速消失掉。因为她懦弱、胆怯、自卑，她认为自己没有资格进教堂，她和常人不一样。

终于有一次，小女孩听得入迷，忘记了时间，直到教堂的钟声敲响才猛然惊醒，但已经来不及了。率先离开的人们堵住了她迅速出逃的去路。她只得低头尾随人群，慢慢移动。突然一只手搭在她的肩上，她惊惶地顺着这只手臂望上去，正是牧师。

"你是谁家的孩子？"牧师温和地问道。

这句话是她十多年来，最最害怕听到的。它仿佛是一支通红的烙铁，直刺在小女孩的心上。

人们停止了走动，几百双惊愕的眼睛一齐注视着小女孩。教堂里静得连根针掉在地上都听得见。

小女孩完全惊呆了，她不知所措，眼里含着泪水。

这个时候，牧师脸上浮起慈祥的笑容，说：

"噢——知道了，我知道你是谁家的孩子——你是上帝的孩子。"

然后，抚摸着小女孩的头说：

"这里所有的人和你一样，都是上帝的孩子！过去不等于未来——不论你过去怎么不幸，这都不重要。重要的是你对未来必须充满希望。现在就做出决定，做你想做的人。孩子，人生最重要的不是你从哪里来，而是你要到哪里去。只要你对未来保持希望，你现在就会充满力量。不论你过去怎样，那都已经过去了。只要你明确目标，积极地去行动，那么成功就是你的。"

牧师话音刚落，教堂里顿时爆发出热烈的掌声——没有人说一句话。掌声就是理解，是歉意，是承认，是欢迎！整整13年了，压抑心灵的陈年冰封被"博爱"瞬间融化……小女孩终于抑制不住，眼泪夺眶而出。

从此小女孩变了……在40岁那年，小女孩荣任田纳西州州长，之后弃政从商，成为世界五百家最大企业之一的公司总裁，成为全球赫赫有名的成功人物。67岁时，她出版了自己的回忆录《攀越巅峰》。在书的扉页上，她写下了这句话：过去不等于未来！

"过去不等于未来"的观念，要求我们用发展的眼光看待自己，看待成功。成功与目前的境况无关。过去的都过去了，关键是未来。过去决定了现在，而不能决定未来，只有现在的作为及选择才能决定我们的未来。

"过去不等于未来"这样的事例，古往今来，数不胜数。我国汉代著名学者承宫的遭遇就像这个小女孩一样。

承宫出生在一个穷苦贫寒之家。父母一年辛劳忙碌，全家人只能勉强糊口，过着饥寒交迫的生活，终日挣扎在温饱线上。

承宫七岁那年，该读书了，但他只能眼巴巴望着左邻右舍的孩子欢天喜地进学堂——饭都吃不饱，父母哪来钱供他上学呢？

不仅上不起学，小小年纪还要分担家计重担，去替人放猪。

为这事，他不知偷偷哭过多少回。

不久同村的学者徐子盛先生开办了一所乡村学堂。承宫放猪每天都要从那里经过。起初他每次路过学堂，只敢望几眼学堂大门，竖起耳朵偷听一会里面的读书声，然后就赶紧离开。渐渐的，承宫在学堂附近停留的时间越来越长，最后竟不由自主地来到学堂门口，偷听先生讲课、听学童读书。常常听得入了神，把猪都忘了。

终于有一天，承宫在学堂门口听讲，没有照看好猪，让猪跑散了几只。东家寻来，不由分说，一顿毒打，打得小承宫鼻青脸肿，哭叫不止。

正在授课的徐子盛先生闻声跑了出来，当他得知事情原由后，便对东家说：

"怎么能这样对待一个爱读书的孩子！从今以后，他不再为你放猪了，你请另雇他人吧！"

说完，将小承宫领进了学堂。

从此，承宫就被收留在徐先生门下。他一边帮老师做杂活，一边随课听讲，并抓紧一切空余时间读书，他的学习成绩总是名列前茅。数年后，承宫读遍了先生的所有藏书，并写得一手好文章，远近闻名。

承宫最后成了一名在学术上有很深造诣的学者而名垂青史。

也许有人会说，小女孩、承宫都是小时候就发生了转变，如果已经成年，"过去不等于未来"还管用吗？一切都还来得及。只要起步，永远都不算晚！

三国时有这样一个故事：

吕蒙为东吴将领，英勇善战。虽然深得孙权、周瑜器重，但由于十五六岁即从军打仗，没读过什么书，也没什么学问。为此，鲁肃很看不起他，认为吕蒙不过草莽之辈，四肢发达头脑简单，不足与谋事。吕蒙自认低人一等，也不爱读书，不思进取。

有一次，孙权派吕蒙去镇守一个重地，临行前嘱咐他说：

"你现在很年轻，只有多读些史书、兵书，懂得知识多了，才能不断进步。"

吕蒙一听，忙说："我带兵打仗忙得很，哪有时间学习呀！"

孙权听了批评他说：

"你这样就不对了。我主管国家大事，比你忙得多，可仍然抽出时间读书，收获很大。汉光武帝带兵打仗，在紧张艰苦的环境中，依然手不释卷，你为什么就不能刻苦读书呢？"

吕蒙听了孙权的话十分惭愧，从此后便开始发奋读书补课。他利用军旅闲暇，遍读诗、史及兵法战策。

周瑜死后，鲁肃代替周瑜驻防陆口。大军路过吕蒙驻地时，一谋士建议鲁肃说：

"吕将军功名日高，您不应怠慢他，最好去看看。"

鲁肃也想探个究竟，便去拜会吕蒙。

吕蒙设宴热情款待鲁肃。席间吕蒙请教鲁肃说：

"大都督受朝廷重托，驻防陆口，与关羽为邻，不知有何良谋以防不测，能否让晚辈长点见识？"

鲁肃随口应道：

"这事到时候再说嘛……"

吕蒙正色道：

"这样恐怕不行。当今吴蜀虽已联盟，但关羽如同熊虎，险恶异常，怎能没有预谋，做好准备呢？对此，晚辈我倒有些考虑，愿意奉献给您作个参考。"吕蒙于是献上五条计策，见解独到精妙，全面深刻。

鲁肃听后又惊又喜，随即起身走到吕蒙身旁，抚拍其背，赞叹道：

"真没想到，你的才智进步如此之快……我以前只知道你一介武夫，现在看来，你的学识也十分广博啊，远非从前'吴下阿蒙'了！"

吕蒙笑道：

"士别三日，即当刮目相待。"

从此，鲁肃对吕蒙尊爱有加，俩人成了好朋友。吕蒙通过努力学习和实战，终成一代名将而享誉天下。

"士别三日，当刮目相看"这句成语证明了人们对"过去不等于未来"的普遍认同。然而问题的关键在于，是否能把这一观念真正用在自己身上。

男人，不应该自己先把自己给框住，而应该相信自己，充分向自己的潜能挑战。它是"自我设限"的克星。

[失败者任其失败，
成功者创造成功]

挑战自我首先是以不满现状、有自己更远大的价值目标为前提动力的。具体来说，我们必须拥有运动竞技中的冠军及各行各业的获胜者所共有的特质，即对自我的内在价值具有基本的信念和对自己潜能的不断挖掘。显然，这是一种从改变内心环境入手的做人方法的改换。

显然，天赋、外貌及其他特质，并非人人生而平等，但上天赐予我们丰富的"内在价值"，却能够绵延不绝。人生的竞赛，并不局限在一个竞技场上，而我们每个人的教育程度不一，提供支援的家庭及其他因素，也大都非我们所能控制。但我们可以确定的是，每个人生而具有冠军的品质，那就是所谓的"价值"。

安东尼·罗宾告诉我们，要学会用一个词——"内在的赢家"，即要能够认知自己的内在价值，而又能够以它为基础，去实现目标。世界上，能够在颈上挂金牌的秘诀在于你必须先是个内在的赢家。

有句格言说得好："失败者任其失败，成功者创造成功。"

拳王阿里曾用这种方法向自己挑战，激励自己发挥出更大的潜能。

在拳王阿里与弗来奇尔对阵之前，他像诺马士那样宣称自己将获得胜利。同样的，这种装腔作势似乎不按常理出牌。在他早期的拳击生涯中，阿里就常预测对手的实力，但那时他是与实力远不如他的人竞赛。现在，阿里是离开圈内多年后再战，而弗来奇尔则是常胜将军。阿里居然仍夸口自己会胜利。他也不只说一次便罢，还重复无数次。

这回，他的预测错了，阿里输了。最后一战他辛苦应战，但失败了。

在这之后不久，阿里被邀请上美国一家电视台的访谈节目，在他被介绍给观众之前，有人怀疑他上台时观众会有冷淡反应。他曾信誓旦旦地说他一定会赢，结果他输了，那确实令人无地自容。

可是当阿里出现时，他受到在场观众真诚地起立致意，热烈鼓掌喝彩。

他并不被认为是个愚弄自己的人，相反的，他被认为是一名勇于挑战自我的勇士。虽然比赛结果并未如他所言，但比起他甘冒大险的勇气，胜负就像鸿毛一般，不值一提。

当你改换人生环境继续迈向高峰时，必须记住：每一级阶梯都供你踩足够的时间，然后再蹬上更高一层，它不是供你休息之用。我们在途中难免会疲倦与灰心，但要像世界重量级冠军詹姆士·柯比常说的："你要再战一回合才能得胜。碰上困难时，你一定要再战一回合。"每一个人都有无限的潜能，但除非你知道它在哪里，并坚持用它，否则毫无价值。世界著名的大提琴演奏家帕柏罗卡沙成名之后，仍然每天练习6小时。有人问他为什么还要这么努力。他的回答是："我认为我正在进步之中。"这种正确的做人方法的指导作用不是可有可无的。

"我从楼梯的最低一级尽力朝上看，看看自己能够看到多高。"这是美国五大湖区上的运输大王考尔比在最初进入社会做事时所说的一句话。

当初考尔比一无所有，而他希望的却是那样高远，他是根据什么来实现自己的希望的呢？他非常穷困，最初是从纽约一步一步走到克利夫兰，后来在湖滨南密执安铁路公司总经理手下谋了一个书记的职位。

但是他工作了一些时候，便觉得他这份工作的空间过于狭小，已不能满足其远大志向了，他觉得这个工作除了忠实地、机械地干活之外，没有什么前途。他告诉自己必须换一种环境。

他辞了这个工作，另在赫约翰大使的手下谋得一个工作，赫约翰就是后来国务卿兼美国驻英国大使。考尔比的想像力已经看到，如果与前者在一起，不会有什么发展，与后者在一起，则会有很大的前途。

一个人要有眼光才有进步，但是眼光必须时时改进。考尔比说："我最初走到克利夫兰来，原是想做一个普通水手的——这是一种儿童追求冒险和浪漫的思想。但结果我没有当水手，而每日与美国最完美的一个人物（赫约翰大使）相接触，这也是我的好运气，他成为我各方面的理想人物了。"

考尔比能够认识到假如他同一个小人物相处，绝不能有很大的发展。他选定了一个大人物，然后以这个人为自己心目中的偶像。他选定了赫约翰，便为自己树立了一个理想。

因为他晓得将来想做一个什么样的人。

如果你并不觉得不满意，不想改变你的现状，就不会有一个光明前途的理想。但是，如果你有了理想便满足了，把理想作为实际生活失望中的一种安慰，那就错了。理想的用处，就是把未来的蓝图变成眼前的现实。当然，这离不开正确的做人方法作指导。

男人永远要知道，改换了生活环境，一个崭新的天地就会等着你大显身手，你的人生从此将充满希望。这个实现的过程还是需要你自己去努力的。因为放弃安稳的生活，主动去迎接挑战，并不是仅靠勇气就行的。只有通过改变"内心环境"，从心态上改变，才能在所选择的环境里让自己的人生大放异彩。

怀抱希望
是迈向成功的第一步

拥有希望是做出大事的前提与基础，是迈向成功的第一步，只有迈出这一步，你才有机会施展才能，获得成功。

成功人士与失败人士之间的差别就在于：成功人士具有一个良好的心态，他们敢于直面困难，时刻拥有不灭的希望之灯，能用最乐观的精神和最丰富的经验来支配和控制自己的人生。失败者刚好相反，他们的人生是受过去的种种失败与疑虑所引导和支配的。希望人们都能睁开心灵的双眼，努力发现周围美好的东西，不断挖掘自身的潜力，敢于大胆地设想自己的目标，并不断为之努力，这样你一定会有美好而充实的人生。

诚然，如今世界上的穷人确实太多了，他们大多数只是甘于过穷日子，从来没有想过自己为什么这么穷，从来没有人站出来说一句：穷，也要站到富人堆里。他们没有认清自己还有选择成功的余地。

然而，我们每天听到的却是这样的话："我很喜欢那个东西，但是我买不起。""我买不起"，"我花不起"。没错，你是买不起，但不必挂在嘴上。如果你不断地说"我买不起"，那你一辈子真的会这样"买不起"下去。选择一个比较积极的想法，你应该说："我会买的，我要得到这个东西。"当你在心中建立了"要得到"、"要买"的想法，你就同时有了期待，心里就有了追求它的激情。千万不要摧毁你的希望，一旦你舍弃了希望，那么你就把自己的生活引入了挫折与失望。

有一个一文不名的年轻人，他说："总有一天，我要到欧洲去。"坐在旁边的朋友都嘲笑他太天真。

20年之后，那个年轻人带着妻子果然去了欧洲。当时他并没有说："我想去欧洲，就怕我永远花不起这笔钱。"他心怀希望，希望就给了他动力，促使他为了要去欧洲而有所行动。

假如你说："我花不起。"那么一切就会停顿，希望没有了，心智迟钝了，精神也丧失了，久而久之我们就会让自己相信事情是不可能的。而如果我们懂得运用"选择的力量"，则能带给我们希望和勇气，使我们能够力行不辍，去获取我们真正想得到的东西。

也许你曾听过这么一则寓言故事：过去在同一座山上，有两块相同的石头，三年后发生截然不同的变化，一块石头受到很多人的敬仰和膜拜，而另一块石头却受到别人的唾骂。这块石头极不平衡地说道："老兄呀，在三年前，我们曾经同为一座山上的石头，今天产生这么大的差距，我的心里特别痛苦。"另一块石头答道："老兄，你还记得吗，在三年前，来了一个雕刻家，你害怕割在身上一刀刀的痛，你告诉他只要把你简单雕刻一下就可以了，而我那时想像未来的模样，不在乎割在身上一刀刀的痛，所以才有了今天的不同。"

两者的差别：一个是关注想要的，一个是关注惧怕的。过去的几年里，也许同是儿时的伙伴、同在一所学校念书、同在一个部队服役、同在一家单位工作，几年后，发现儿时的伙伴、同学、战友、同事都变了，有的人变成了"佛像"石头，而有的人变成了另外一块石头。

假如有一辆没有方向盘的超级跑车，即使有最强劲的发动机，也一样会不知跑到哪里；同理，不管你希望拥有财富、事业、快乐，还是期望别的什么东西，都要以一种敢想敢做的勇气去实现它。"人生教育之父"卡耐基说："我们不要看远方模糊的事情，要着手身边清晰的事物。"在这个世界上没有什么做不到的事情，只有想不到的事情，只要你敢想并下定决心去做，始终拥有这方面的希望，你就一定能得到。

洛克菲勒在他还一文不名的时候曾说过，"有一天，我要变成百万富翁。"他果然实现了愿望。所以，你应该了解：一切你想要得到的东西在还未实现之前，本来都只是一些想法。你的经济情况也一样，先要有想法，然后才会变成现实。想法改变了，外在改变也会随之而来，这可是一条永远不变的法则。如果你经常说"我付不起"、"我永远得不到"、"我注定是受穷的命"……那你就封闭了通往自谋幸福的路。只有不时地进行选择性的思考，才会改变想法和现实。

必要的时候，不妨运用一下想像力，你会发现：以前不敢奢望的好运会降临，生命会有转机，你的生命会出现一种崭新的面貌。

　　拥有希望是成功的第一步，有了一个美好的理想之后，接下来就要用积极的心态和行动去实现自己的目标。否则你的理想就会化为华丽的泡沫一瞬即逝。一个男人拥有炽热的希望，会使他施展全部力量，尽力而为，超越自我，使他把毕生的能力发挥到极限，排除一切障碍，使他的生活更加踏实。

大胆尝试，将梦想转为现实

你可能有很多美妙的构想、详尽的计划，但如果你不去尝试、不敢行动，那么它们就毫无意义。只有大胆尝试，才能把梦想化为现实。

美国探险家约翰·戈达德说："凡是我能够做的，我都想尝试。"在约翰·戈达德15岁的时候，他就把他这一辈子想干的大事列了一个表。他把那张表题名为"一生的志愿"。表上列着："到尼罗河、亚马逊河和刚果河探险；登上珠穆朗玛峰、乞力马扎罗山和麦特荷恩山；驾驭大象、骆驼、驼鸟和野马；探访马可·波罗和亚历山大一世走过的道路……"每一项都编了号，一共有127个目标。

当戈达德把梦想庄严地写在纸上之后，他就开始抓紧一切时间来实现它们。

16岁那年，他和父亲到乔治亚州的奥克费诺基大沼泽和佛罗里达州的埃弗格莱兹去探险。这是他首次完成了表上的一个项目，他还学会了只戴面罩不穿潜水服到深水潜游，学会了开拖拉机，并且买了一匹马。

20岁时，他已经在加勒比海、爱琴海和红海里潜过水了。他还成为一名空军驾驶员，在欧洲上空做过33次战斗飞行。他21岁时，已经到21个国家旅行过。

22岁刚满，他就在危地马拉的丛林深处，发现了一座玛雅文化的古庙。同一年，他就成为"洛杉矶探险家俱乐部"有史以来最年轻的成员。接着，他就筹备实现自己宏伟壮志的头号目标——探索尼罗河。

戈达德26岁那年，他和另外两名探险伙伴，来到布隆迪山脉的尼罗河之源。三个人乘坐一只仅有60磅重的小皮艇，开始穿越4000英里的长河。他们遭到过河马的攻击，遇到了迷眼的沙暴和长达数英里的激流险滩，闹过几次疟疾，还受到过河上持枪匪徒的追击。出发10个月之后，这三位"尼罗河人"胜利地从尼罗河口进入了蔚蓝色的地中海。

紧接着尼罗河探险之后，戈达德开始接连不断地实现他的目标：1954年他乘筏飘流了整个科罗拉多河；1956年探查了长达2700英里的全部刚果河；他在南美的荒原、婆罗洲和新几内亚与那些食人生番、割取敌人头颅作为战利品的人一起生活过；他爬上乞力马扎罗山；驾驶超音速两倍的喷气式战斗机飞行；写成了一本书《乘皮艇下尼罗河》；他结了婚，并生了五个孩子。开始担任专职人类学者之后，他又萌发了拍电影和当演说家的念头。在以后的几年里，他通过讲演和拍片，为他下一步的探险筹措了资金。

将近60岁时，戈达德依然显得年轻英俊，他不仅是一个经历过无数次探险和远征的老手，还是电影制片人、作者和演说家。戈达德已经完成了127个目标中的106个。他获得了一个探险家所能享有的荣誉，其中包括，成为英国皇家地理协会会员和纽约探险家俱乐部的成员。沿途，他还受到过许多人士的亲切会见。他说："……我非常想做出一番事业来。我对一切都极有兴趣：旅行，医学，音乐，文学……我都想干，还想去鼓励别人。我制定了那张奋斗的蓝图，心中有了目标，我就会感到时刻都有事做。我也知道，周围的人往往墨守成规，他们从不冒险，从不敢在任何一个方面向自己挑战。我决心不走这条老路。"

戈达德在实现自己目标的征途中，有过18次死里逃生的经历。"这些经历教我学会了百倍地珍惜生活，凡是我能做的，我都想尝试，"他说，"人们往往活了一辈子，却从未表现出巨大的勇气、力量和耐力。但是，我发现，当你想到自己反正要完了的时候，你会突然产生惊人的力量和控制力，而过去你做梦也没想到过，自己体内竟蕴藏着这样巨大的能力。当你这样经历过之后，你会觉得自己的灵魂都升华到另一个境界之中了。"

"'一生的志愿'是我在年纪很轻的时候立下的，它反映了一个少年人的志趣，其中当然有些事情我不再想做了，像攀登埃佛勒斯峰或当'人猿泰山'那样的影星。制定奋斗目标往往是这样，有些事可能力不从心，不能完成，但这并不意味着必须放弃全部的追求。""检查一下你的生活并向自己提出这样一个问题是很有好处的：'假如我只能再活一年，那我准备做些什么？'我们都有想要实现的愿望，那就别延宕，从现在就开始做起！"

天上不会掉馅饼，等待无法把理想化为现实，如果一个男人拥有某种强烈的愿望，那么就要积极迈出实现它的第一步，这样他的梦想才不会是空想。

坚持你的信念，它会迅速升值

从前有个孤儿，过着贫穷的生活。有一年冬天刚刚开始，他的全部口粮就只剩下父母生前为他留下的一小袋豆子了。但是，他强抑制住饥饿，把那一小袋豆子收藏起来，随后，靠捡破烂勉强度日。但在他心中总有一株株绿得可爱、绿得诱人的豆苗在蓬蓬勃勃地生长，他似乎真的看见了来年那饱满的豆荚。因此，那一个漫长的冬季里，他虽然多次险些饿昏过去，却一直不曾触过那一小袋豆子——那是希望的种子啊！

春天来了。孤儿把那一小袋豆子种了下去。经过一夏天的辛勤劳动，到了秋天，他果然获得了喜人的丰收。

丰收之后的孤儿并不满足，他还想获得更多的收获。于是他把收获的豆子又留下来继续播种、收获。就这样，日复一日，年复一年，种了又收，收了又种，不出几年，孤儿的田边地角，房前屋后全都种满了豆子。他很快告别了穷困，成为远近闻名的富豪。

生活中谁都会遇到困境和挫折，但只要你的希望之灯永不灭，对未来的憧憬犹存，就能克服一切困难，达到生命的巅峰。记住，无论有何种艰难，也要留住希望的种子。

罗杰·罗尔斯是纽约第53任州长，也是纽约历史上第一位黑人州长。他出生在纽约声名狼藉的大沙头贫民窟。这里环境肮脏，充满暴力，是偷渡者和流浪汉的聚集地。在这儿出生的孩子，从小就耳濡目染逃学、打架、偷窃甚至吸毒等事，长大后很少有人获得较体面的职业。然而，罗杰·罗尔斯是个例外，他不仅考入了大学，而且成了州长。

在就职的记者招待会上，到会的记者提了一个共同的话题：是什么把你推向州长宝座的？面对300名记者，罗尔斯对自己的奋斗史只字未提，他仅说了一个非常陌生的名字——皮尔·保罗。后来人们才知道，皮尔·保罗是他小学时的校长。

1961年，皮尔·保罗被聘为诺必塔小学的董事兼校长。当时正值美国嬉皮士流行的时代，他走进大沙头诺必塔小学的时候，发现这儿的穷孩子比"迷惘的一代"还要无所事事，他们不与老师合作，他们旷课、斗殴，甚至砸烂教室的黑板。皮尔·保罗想了很多办法来引导他们，可是没有一个是有效的。后来他发现这些孩子都很迷信。于是在他上课的时候就多了一项内容——给学生看手相。几十年后，凡经他看过手相的学生，没有一个不是州长、议员或富翁的。

当罗尔斯从窗台上跳下，伸着小手走向讲台时，皮尔·保罗说，我一看你修长的小拇指就知道，将来你是纽约州的州长。当时，罗尔斯大吃一惊，因为长这么大，只有他奶奶让他振奋过一次，说他可以成为五吨重的小船的船长。这一次，皮尔·保罗先生竟说他可以成为纽约州的州长，着实出乎他的预料。他记下了这句话，并且相信了它。

从那天起，纽约州州长就像一面旗帜。他的衣服不再沾满泥土，他说话时也不再夹杂污言秽语，他开始挺直腰杆走路，他成了班主席。在以后的40多年间，他没有一天不按州长的身份要求自己。51岁那年，他真的成了州长。

在他的就职演说中，有这么一段话。他说：信念值多少钱？信念是不值钱的，它有时甚至是一个善意的欺骗，然而你一旦坚持下来，它就会迅速升值。

在这个世界上，信念这种东西任何人都可以免费获得，梦想的种子需要坚强的意志和不灭的信念来保存。男人要明白，所有积累了庞大财富和达到目的的人，最初都是从一个小小的信念开始的，梦想的大树参天如云之前，都要有一颗树种，它是所有奇迹的萌发点。

敢做成功
的攀登者

在放弃者、半途而废者和攀登者这三种人中，只有攀登者的生活是全面的。半途而废者仅仅达到了基本的物质生活，还处于生活的基层，离全面的生活还很远。但是，攀登者就不一样了，他们对自己要去干的事情具有很深刻的目标意识，并且具有很强的热情。目标和激情无时无刻不引导着他们。他们知道如何体验快乐，并且把攀登看做是生活对他们的礼物和恩赐。攀登者知道山的顶峰不一定有最好的风景。但它具有一种诱人的、神秘的力量，而不是单纯的一个顶峰，并且整个攀登也充满了力量。攀登者忘不了那种力量，忘不了整个攀登过程的力量，这是一种超过他们到达目的地的力量。

攀登者获得过许多不同的奖赏和收获，但他们注重的是长期的收益，而不是短期收益。他们知道现在每向前跨一小步，向上攀登哪怕一点距离，在日后都会给他们带来很大的收获。这与半途而废者是完全不同的。攀登者把满足放在了将来，而不像半途而废者仅仅对现有满足，并不敢去面对未来的可能性。

攀登者常常有一种强烈的信念，即相信某些事比他们自身更强大，这些更具有力量的事物正是他们想去征服的。当他们面对那些具有压倒一切以及巨大威慑的山峰时，这种信念就会让他们充满巨大的力量，敢于向最大的危险挑战，并且这也是他们希望的事情。也正是这种信念使攀登者敢于做别人不敢做的事，像登山一样，有人已经确定了某些路线是不能走的，但是攀登者并不相信这些，他们偏要从这些路线攀上顶峰，可见，攀登者不仅敢于向可能性挑战，而且更重要的是，他们敢于向不可能性挑战。战胜不可能性，并获得真正的胜利，这就是攀登者最大的特点。

像在珠穆朗玛峰上一样，攀登者都是坚持不懈的，他们具有极强的体力和恢复能力。他们在进取中不断排除障碍，找寻攀登的道路。如果他们到了一个绝对无法把握的地方或者走到一条死路上，他们的方法很简单，就是原路退回。当他们累了，无法再向前跨上一步，他们仍然给自己施加很大的压力。"放弃"不属于攀登者的词语，他们是离放弃最远的人。他们具有成熟性，以及理解偶尔的后退不过是为了更好地前进这一道理。他们拥有超人的智慧，当然明白失败是进取的很自然的一部分。攀登者并不是蛮干的，他们的生活充满着真正的勇气和科学性。他们是生命的探索者。

当然，攀登者也是人。有些时候，他们也会感到厌倦，甚至担心攀登失败。他们可能会怀疑或者感到孤独、受到伤害。他们对自己的行为提出了疑问，有些怀疑自己的挑战。有时，你会看到他们与半途而废者混在一起。然而他们之间不同的是，攀登者正在积蓄力量，等待重新恢复活力，并将开始新的攀登，而半途而废者是不会再去攀登的，他们希望自己就待在营地。对攀登者来说营地就只是一个营地，而对半途而废者来说，营地则是温暖的家。

攀登者善于迎接挑战，与他们的生活紧紧相连的是一种紧迫意识。他们自我鼓励，具有很高的精神动力，并且努力奋斗以获得生命的辉煌。可以说，攀登者就是行为的催化剂，他们总是让事情得以发生。

生活中的"攀登者"具有远见卓识，他们常常能够鼓舞人心。有时，他们也能成为一个好的领导者。甘地——一位印度的精神领袖，他把自己无畏地贡献给了自由与美好生活，正因为这样，他才成为整个国家的领导者。甘地就是一个不懈的攀登者，他的事迹持续不断地鼓舞着这个世界。

美国诺特拉·丹蒙足球队的教练劳·荷尔兹有一段精彩的传奇，他是从来都不能容忍借口和不行动的。荷尔兹在少年时很穷，也很凄惨，并且患有严重的口吃，他非常害怕在公共场所讲话，甚至到了不敢去上口语课的程度。

一天，他找到了给自己确定人生目标的力量（他学会了这种力量），他为自己确定了107个目标，其中包括：与美国总统进餐、漂流沱河、会见波普、跳伞中尽量延长张伞的时间、做诺特拉·丹蒙队的教练、得年度冠军和锦标赛冠军等等。今天，荷尔兹已经完成了他107项目标中的98项。他获得了声誉，他创造了自己的能力，他可以自由地用语言表达他想要表达的一切，他不断去赢得胜利。最后，他不仅战胜了对自己不利的逆境，还战胜了许多我们认为不可能战胜的东西。

　　你能听到攀登者像荷尔兹那样说"立即干"、"做得最好"、"尽你全力"、"不退缩"、"我们能产生什么"、"总有办法"、"问题不在于假设，而在于它究竟怎样"、"没做并不意味着不能做"、"让我们干"、"现在就行动"。这些都是攀登者热爱的语言。他们是真正的行动者，他们总是要求行动，追求行动的结果，他们的语言恰恰反映了他们追求的方向。男人要做永远不停歇的攀登者，只有这样，才能最终成为令人艳羡的成功者。

对待事业没个狠劲，
还谈什么成功和辉煌

———●———

3

　　一个男人什么都可以没有，惟独不能没有事业。无论在什么时代，事业都是一个男人安身立命的根本，是一个男人存在价值的最好体现。拥有自己的事业，并把事业做得有声有色，可以说是每个男人的梦想。但要做到这一点却并不容易。除了机遇，除了自己的能力，还需要一种"狠下心来，一干到底"的精神，没有这一股狠劲，事业的根基不会稳，人生的根基更不会稳。

优柔寡断
是事业成功的仇敌

对于事业，很多人都希望把风险降到最低，力求保险，万无一失。这当然无可厚非。但也要清楚，做任何事情都是有风险的，事业需要拼搏，假如一味地保守，那么你的人生可能永远是碌碌无为。所以，一旦决定要做什么事，就立马着手去做，问题可以在做的过程中逐步解决，重要的是大刀阔斧地迈开第一步。

有些男人做事没有底气，一旦遇到了棘手的事情，就要去和他人商量，这种优柔寡断的人，既不太相信自己，也不会被他人所信赖。有些人简直优柔寡断到无可救药的地步，他自己不敢决定任何一种事情，不敢担负起应负的责任。而他们之所以这样，是因为他们不知道事情的结果会怎样——究竟是好是坏，是吉是凶。他们经常对自己的决断产生怀疑，不敢相信他们自己能解决重要的事情。因为犹豫不决，很多人错失了成功的大好机会。

华裔电脑名人王安博士，声称影响他一生的最大的教训，发生在他六岁之时。

有一天，王安外出玩耍，路经一棵大树时，突然有什么东西掉在他的头上。他伸手一抓，原来是个鸟巢。他怕鸟粪弄脏了衣服，于是赶紧用手拨开。

鸟巢掉在了地上，从里面滚出了一只嗷嗷待哺的小麻雀。他很喜欢它，决定把它带回去喂养，于是连鸟巢一起带回了家。

王安回到家，走到门口，忽然想起妈妈不允许他在家里养小动物。因此，他轻轻地把小麻雀放在门后，匆忙走进室内，请求妈妈的允许。

在他的苦苦哀求下，妈妈破例答应了儿子的请求。王安兴奋地跑到门后，不料，小麻雀已经不见了。一只黑猫正在那里意犹未尽地舔着自己的嘴巴。王安为此伤心了好久。

这件事给了王安终身有益的教训，他由此得出一个结论：只要是自己认为对的事情，绝不可优柔寡断，必须马上付诸行动。不能做决定的人，固然没有做错事的机会，但也失去了成功的机运。

美国拉沙叶大学的一位业务员前去拜访西部一小镇上的一位房地产经纪人，想把一个《销售及商业管理》课程介绍给这位房地产商人。

这位业务员到达房地产经纪人的办公室时，发现他正在一架古老的打字机上打着一封信。这位业务员自我介绍一番，然后介绍他所推销的这个课程。

那位房地产商人显然听得津津有味。然而，听完之后，却迟迟不表示意见。

这位业务员只好单刀直入了："你想参加这个课程，不是吗？"这位房地产商人以一种无精打采的声音回答说："呀，我自己也不知道是否想参加。"他说的倒是实话，因为像他这样难以迅速作出决定的人有数百万之多。

这位对人性有透彻认识的业务员，这时候站起来，准备离开。但接着他采用了一种多少有点刺激的战术。下面这段话使房地产商人大吃一惊。

"我决定向你说一些你不喜欢听的话，但这些话可能对你很有帮助。

"先看看你工作的办公室，地板脏得可怕，墙壁上全是灰尘。你现在所使用的打字机看来好像是大洪水时代诺亚先生在方舟上所用过的。你的衣服又脏又破，你脸上的胡子也未刮干净，你的眼光告诉我你已被打败了。

"在我的想像中，在你家里，你太太和你的孩子穿得也不好，或许吃得也不好。你的太太一直忠实地跟着你，但你的成就并不如她当初所希望的。

在你们结婚时，她本以为你将来会有很大的成就。

"请记住，我现在并不是向一位准备进入我们学校的学生讲话，即使你用现金预缴学费，我也不会接受。因为，假如我接受了，你将不会拥有去完成它的进取心，而我们不希望我们的学生当中有人失败。

"现在，我告诉你你为何失败。那是因为你没有作出一项决定的能力。

"在你的一生中，你一直养成一种习惯：逃避责任，无法作出决定。结果到了今天，即使你想做什么，也无法办得到了。

"如果你告诉我，你想参加这个课程，或者你不想参加这个课程，那么，我会同情你，因为我知道，你是因为没钱才如此犹豫不决。但结果你说什么呢？你承认你并不知道你究竟参加或不参加。你已养成逃避责任的习惯，无法对影响到你生活的所有事情作出明确的决定。"这位房地产商人呆坐在椅子上，下巴往后缩，他的眼睛因惊讶而膨胀，但他并不想对这些尖刻的指控进行反驳。这时，这位业务员说了声再见，走了出去，随手把房门关上。但又再度把门打开，走了回来，带着微笑在那位吃惊的房地产商人面前坐下来，说："我的批评也许伤害了你，但我倒是希望能够触怒你。现在让我以男人对男人的态度告诉你，我认为你很有智慧，而且我确信你有能力，但你不幸养成了一种令你失败的习惯。但你可以再度站起来。我可以扶你一把——只要你愿意原谅我刚才所说过的那些话。

"你并不属于这个小镇。这个地方不适合从事房地产生意。你赶快替自己找套新衣服，即使向人借钱也要去买来，然后跟我到圣路易市去。我将介绍一个房地产商人和你认识，他可以给你一些赚大钱的机会，同时还可以教你有关这一行业的注意事项，你以后投资时可以运用。

"你愿意跟我来吗？"那位房地产商人竟然抱头哭泣起来。最后，他努力地站了起来，和这位业务员握握手，感谢他的好意，并说他愿意接受他的劝告，但要以自己的方式去进行。他要了一张空白报名表，签字报名参加《推销与商业管理》课程，并且凑了一些一毛、五分的硬币，先交了头一期的学费。

3年以后，这位房地产商人开了一家拥有60名业务员的大公司，成为圣路易市最成功的房地产商人之一，他还指导其他业务员工作，每一位准备到他公司上班的业务员，在被正式聘用之前，都要被叫到他的私人办公室去，他把自己的转变过程告诉这位新人，从拉沙叶大学那位业务员初次在那间寒酸的小办公室与他见面开始说起。

因此，对成功来说，犹豫不决、优柔寡断是一个最危险的仇敌，在它还没有对你施加影响，破坏你的机会之前，你就应该立即把这样的敌人置于死地。不要再犹豫，不要再思前想后，马上作出决定，就在现在。要逼迫自己迅速作出决策，不要在选择面前无所适从。

当然，对于比较复杂的事，在决断之前必须从各方面来加以权衡和考虑，但是一旦打定主意，就决不要再更改，不再留给自己后退的余地。一旦决策，就要有破釜沉舟的勇气。只有这样做，才能养成坚决果断的习惯，既可以增强人的自信，同时也能博得他人的信赖。

开创一番事业，先要决定志向，志向决定之后就要全力以赴毫不犹豫地去实行。有了这种习惯后，在最初的时候，也许会作出错误的决策，但由此获得的自信等种种卓越品质，足以弥补错误决策可能带来的损失。

事业成功的最好经验是坚持

男人的一生，需要用成功来支撑，可是只有少数成功的幸运儿。人们往往虔诚而又谦卑地讨教成功的经验，当知道主要的答案是"坚持"两字时，好多人都叹息自己为什么没有坚持呢？譬如，挖掘一口水井，挖了九十九成，还没有发现泉水，于是自己就放弃了，那么过去的努力也白费了。

古希腊大哲学家苏格拉底，曾经给他的学生出过一道"坚持"的考题，用来说明他的哲学思想。考题是这样出的：

有一天，他对学生说："今天，我们只学习一件最简单的事，也是最容易做的事，那就是把你们的手臂尽量往前甩，再尽量往后甩。"在自己示范了一遍以后说："是不是很简单？但是，从现在开始，大家每天都做300次。"学生们感到这个问题太可笑了，纷纷猜测老师下一步到底要干什么，见他没有其他目的后，就马上连声回答："能、能！"一个月后，苏格拉底问："哪些同学坚持做了？"这时有90％以上的学生骄傲地举起了手。两个月后，当他再次发问，能够坚持下来的只有80％。到一年后，再次问道："还有哪些同学坚持每天做？"教室里只有一个同学举起了手。举手的人就是后来成为古希腊大哲学家的柏拉图。

我们都知道，万事开头难。的确，好的开始等于成功了一半。但是，行动最重要的还在于持之以恒，不能开始了一点点，虎头蛇尾就完了，半途而废的人最终也不会做成任何事情。

一件事从头到尾，也许过程并不会非常顺利，可能其中会遇到一些困难、挫折，也或者由于你个人的原因导致事情被耽搁、被延误。这时候，你是打算继续回来把它做下去，还是做到哪里算到哪里，就这么算了呢？

其实很多时候，很多的男人总是在做下去还是放弃之间摇摆不定。一件小事，可能就会成为横亘在我们面前的艰难抉择。

这是一个企业老板的自传中节选的一段话：

三年前，我怀揣梦想只身来到这个人海茫茫的大都市，想开创一份能够给我带来激情的事业，但是因为缺乏经验，缺乏独当一面的能力，我在相当长的时间内仅仅是做着距我的理想很遥远的工作，而且仅仅是那种为了解决温饱而做的工作。我曾经非常沮丧灰心，甚至焦虑得整晚睡不着觉，不知道自己在这里孤身一人，饱尝孤独和艰辛是为了什么，不知道这种坚持值不值得。"放弃"这个词无数次出现在我的脑海里，一次次削弱我的斗志。这样的思想斗争现在看起来不算什么，可是在当时的确算得上是艰苦卓绝，从不断地怀疑自己到渐渐地树立起自信，这个过程是非常痛苦的。还好，我没有灰心，终于走了过来，坚持了下来，并真正找到了自己的价值。

其实，很多事情，只要往前跨一步就是成功，关键就在于你肯不肯坚持这关键的一秒钟。摆在我们人生面前的路总是有很多条的，如果你选择了一条你认为正确并有兴趣走下去的路，那么，无论这条道路是荆棘还是泥泞，你都应该义无反顾地走下去，这就是坚持的精神。

我们很难想象那些总是半途而废的男人能做成什么事情，因为他每一次都草草地开始，又都匆匆地结束。目标摇摆不定，三心二意。今天觉得这个好，明天又觉得那个好。三天打鱼，两天晒网，最后兜了一圈回来，自己还在原来的地方一事无成。

当然，持之以恒，善始善终并不是想做就能做到的，它需要你有着足够的忍耐力和意志力，并且对自己的工作和事业充满热情。那些成功的男人大多都有一个共同的特点，即坚忍不拔，意志刚强，不达目标绝不罢休。他们不骄不躁，兢兢业业，不会做一些投机取巧的手段，只会耐心等待机遇，积累实力。

对自己的工作充满热情的男人，不论工作有多么困难，或需要多大的精力，都会始终如一地用不急不躁的态度去进行。而事实的确正如他们所料，瓜熟蒂落，水到渠成，坚持了，收获就自然来了。

　　谁能够坚持到最后，谁就是最大的赢家。一般来说，笑到最后的人，也是笑得最开心的人。因为坚持，他得到了他想要的人生。

拥有主见是开创事业的重要条件

一个男人的成熟表现在很多方面，其中一个最重要的表现就是发现自己的信念及实现这些信念的勇气——无论遇到什么样的因素。

在开创自己的事业之前，多听取他人的意见是对的，但你仍要有自己的主见才行。人家的意见只能供你参考，但不是你的靠山。假如你过于信任别人的话，人家说东，你就向东，人家说西，你就向西，结果你将遇到比不听取他人的意见更大的危险！

的确，一个人，只要认为自己的立场和观点正确，就要勇于坚持下去，而不必在乎别人如何去评价。

美国的威尔逊在最初创业时，只有一台价值50美元分期付款赊来的爆米花机。第二次世界大战结束后，他做生意赚了点钱，于是就决定从事地皮生意。当时，在美国从事地皮生意的人并不多，因为战后人们一般都比较穷，买地皮建房子，建商店、盖厂房的人很少，地皮的价格也很低。当亲朋好友听说威尔逊要做地皮生意，都强烈地反对。而威尔逊却坚持己见，他认为反对他的人目光短浅，虽然连年的战争使美国的经济很不景气，可美国是战胜国，经济会很快进入大发展时期。到那时买地皮的人一定会增多，地皮的价格会暴涨。于是，威尔逊用手头的全部资金再加一部分贷款在市郊买下很大的一片荒地。这片土地由于地势低洼，不适宜耕种，所以很少有人问津。但是威尔逊亲自观察了以后，还是决定买下了这片荒地。他的预测是，美国经济会很快繁荣，城市人口会日益增多，市区将会不断扩大，必然向郊区延伸。在不远的将来，这片土地一定会变成黄金地段。

后来的发展验证了他的预见。不到三年时间，美国城市人口剧增，市区迅速发展，大马路一直修到威尔逊买的土地的边上。这时，人们才发现，这片土地周围风景宜人，是人们夏日避暑的好地方。于是，这片土地价格倍增，许多商人竞相出高价购买，但威尔逊不为眼前的利益所惑，他还有更长远的打算。

后来，威尔逊在这片土地上盖起了一座汽车旅馆，命名为"假日旅馆"。由于它的地理位置好。舒适方便，开业后，顾客盈门，生意非常兴隆。从此以后，威尔逊的生意越做越大，他的假日旅馆逐步遍及世界各地。

每个人都应该靠自己的决断来求取生存。那些驾着马车向西部开发的拓荒者，遇到事情时并没有机会找专家来帮忙解决问题。不管是遇到紧急情况或任何危机，他们也只能依靠自己。印第安人来攻击的时候，没有警察，他们只能依靠自己的双手；生病时，没有医生，他们便依靠常识或家庭秘方；想要食物，更是靠自己去耕种或猎捕。这些人，每当遇到生活上的各种问题，都得立即下判断，作决定。事实上，他们也一直做得很好。

有很多小儿科医生会告诉父母如何喂养、抚育和照顾孩子，也有许多幼儿心理学家告诉父母如何教育子女；经商时，有许多专家会告诉父母如何使生意成交；在政治上，人们投票很少是因为个人的选择，大部分人是盲从某些特定团体的意见；就是人们的私生活，有时也要受某些专家意见的影响。

普林斯顿大学校长哈洛·达斯，对顺应群体与否的问题十分关切。他在1955年的毕业生典礼上，以《成为独立个性的重要性》为题发表演讲，他指出：无论人们受到多大的压力，使他不得已改变了自己去顺应环境，但只要他是个具有独立个性气质的人，就会发现，无论他如何尽力想用理性的方法向环境投降，他仍会失去自己所拥有的最珍贵的资产——尊严。维护自己的独立性，是人类具有的神圣要求，是不愿当别人的橡皮图章的表现。随波逐流，虽然可得到某种情绪上的一时满足，但人们的心灵定会时时受到它的干扰。

没有独立的思维方法、生活能力和自己的主见，那么，生活、事业就无从谈起。众人观点各异，越听也就越无所适从。只有把别人的话当参考，按着自己的主张走，一切才能处之泰然。

成功就是一步一步
朝着你的目标赶

卡耐基曾说过："成功就是一步步地朝你的目标赶。"换句话说就是：脚踏实地地向你的目标迈进。如果你这样做了就会发现成功并不遥远。

踏，是过程，行动。实，结实、坚实之意，是对踏实的品质的一种评价。踏实就是脚踏实地，一步一个脚印。踏实是一种作风，一种认认真真、实实在在、不骄不躁的作风，这是事业得以稳健开拓的基础和前提。

持之以恒，踏踏实实去做好大家都认为重要的事，便能敲开成功之门。因为，既然大家都认为重要，那么肯定是经过实践检验证实了的。

绝大多数男人都有能力分清什么是重要的事，大家都知道其重要性，可惜很多人只在重要的时刻才去做重要的事，而缺乏持之以恒与踏踏实实的决心和毅力，结果只能与成功擦肩而过，从这个角度上看，踏实是一种品质，一种坚忍、不懈的品质。

谢明是一个白手起家、创业成功的传奇人物。

他出生在河北省的一个贫困山村，家中兄弟4个，谢明排行老三。家里穷，父亲又得了重病，负债累累，所以谢明初中没毕业就辍学了。当时大哥、二哥已经成家，家庭重担落在17岁的谢明身上，他发誓要改变自己的命运。

开始干的第一个生意是用自行车贩玉米。他蹬着自行车，跑几十公里到外县收购便宜玉米，驮回家乡转卖，一次驮一百多公斤，能挣十几元钱。骑车时他只能用一只手扶着车把，一旦遇上雨天路滑，十分危险，有一次他就连人带车摔到了十几米深的沟里，差点送命。

除了贩玉米，他还去理发店收头发卖钱，但这些都不能让他有一个稳定的收入，就四处寻找机会。他当时有两个爱好：一是有空就看书，学知识；二是经常听收音机，找信息。

1990年，谢明从别人那里听到安徽合肥有个教做豆腐、豆芽的培训班，就想去学。可父母觉得豆腐难卖，家里也拿不出参加培训需要的200多元钱，就坚决反对。可谢明当时下定决心，背着家里找表兄借了点钱，偷偷去了合肥。

一个星期后，谢明学成回家准备开豆腐房，却遭遇父亲的强烈反对。父亲把他做豆腐的锅、瓢等工具扔出门外，谢明被气得昏死过去，抢救半天才慢慢醒来。

开豆腐房需要一些最起码的设备，可不仅他家里没有一点钱，亲戚朋友也都因为他父亲生病被借钱借怕了，不愿再出手帮助。最后，靠着一个朋友的关系，谢明才终于赊了一台小电磨，在家里做起了豆腐。

谢明每天从下午开始忙活到第二天凌晨，一个人能做50多公斤豆腐，然后用扁担挑着豆腐走村串户去卖。瘦弱的肩膀被沉重的扁担磨破、结疤，然后疤再被磨破、再结疤。寒来暑往，一年四季不管刮风下雨，他几乎没有休息过。豆腐扁担，谢明一挑就是4年，不但帮家里还清了债务，自己也在亲戚朋友面前挺直了腰板。后来，谢明在妻子的支持下学做面包。学成之后，在县里开了一家面包房，赚了第一桶金。为了生意的发展，谢明每年都要抽时间到南方大城市学习新技术。2000年，谢明在大城市里看到了开超市的商机，在县城办起了县里的第一家超市——华联超市。

由于商机抓得准，服务又周到，谢明的超市赢得了空前的成功。在短短4年的时间里，他的超市从本县开到了外县，数量从1个增加到了6个，总面积从不足210平方米到现在的5000多平方米，拥有职员1400多人，资产达1000多万元。

现在，谢明涉足家具家电行业，投资将县城的老电影院改建成为远近最大的家具家电商场，并计划兴建自己的商务大厦。

虽然连初中都没有毕业，但是谢明一直没有停止过对知识的追求。他屋子里的书堆成堆。2003年，他又到北大参加了工商管理研究生的研修班。

所有的成功都是用汗水和血浸泡着的，每一个成功者都付出了不菲的汗水。踏实是"以不变应万变"，它能够把大量稍纵即逝的机会变成实实在在的成果。踏实应该成为一个男人人生的主旋律之一，"踏踏实实做事，老老实实做人"应该成为每一个男人的座右铭。

没有小的成绩做基础，就没有大的成功

　　伟大的事业都是由一件一件的小事积累而来，没有小的成绩做为基础，就没有大的成功。很多时候，小事不一定就真的小，关键在于做事业的心态。有些男人一心想做大事，常常对小事嗤之以鼻，不屑一顾，这些连小事都做不好的人，是很难有一番作为的。

　　威里克公司是20世纪70年代英国最为著名的机械制造公司，其产品销往全世界，并代表着当今重型机械制造业的最高水平。许多人毕业后到该公司求职遭拒绝，原因很简单，该公司的高级技术人员爆满，不再需要各种技术人才。但是令人垂涎的待遇和足以自豪、炫耀的地位仍然吸引着成百上千的求职者。

　　乔治是剑桥大学机械制造业的高材生。和许多人的命运一样，在该公司每年一次的用人测试会上乔治被拒绝录用，其实这时的用人测试会已经徒有虚名了。乔治并没有死心，他发誓一定要进入威里克重型机械制造公司。于是，他采取了一个特殊的策略——假装自己一无所长。

　　他先找到公司人事部，提出为该公司无偿提供劳动，请求公司分派给他任何工作，他都不计报酬来完成。公司起初觉得这简直不可思议，但考虑到不用任何花费，也用不着操心，于是便分派他去打扫车间里的废铁屑。

　　一年来，乔治勤勤恳恳地重复着这种简单但是辛劳的工作。为了糊口，下班后他还要去酒吧打工。这样，虽然得到老板及工人们的好感，但是仍然没有一个人提到录用他的问题。

　　20世纪80年代初，公司的许多订单纷纷被退回，理由均是产品质量有问题，为此公司将蒙受巨大的损失。公司董事会为了挽救颓势，紧急召开会议商议对策，当会议进行一大半却未见眉目时，乔治闯入会议室，提出要直接面见总经理。

在会上，乔治把这一问题出现的原因作了令人信服的解释，并且就工程技术上的问题提出了自己的看法，随后拿出了自己对产品的改造设计图。这个设计非常先进，恰到好处地保留了原来机械的优点，同时克服了已出现的弊病。

总经理及董事会的董事见到这个编外清洁工如此精明在行，便询问他的背景以及现状。乔治当即被聘为公司负责生产技术问题的总经理。

原来，乔治在做清扫工时，利用清扫工到处走动的特点，细心察看了整个公司各部门的生产情况，并一一作了详细记录，发现了所存在的技术性问题并想出了解决的办法。为此，他花了近一年的时间搞设计，获得了大量的统计数据，为最后施展才华奠定了基础。

只有心存远大志向，才可能成为杰出人物。但要做一番大事业，光是有远大的志向远远不够，还需要从小事做起。如果你一直不被人重视，不妨降低一下自己的目标，从最基层的事做起，终有一天你会拥抱成功。

世间万物无不是由小到大，由少到多演变而来，这样的道理人人皆晓。然而，仍有很多男人轻视他身边的小事，仍不相信那些"没什么大不了"的小事对于造就一个成功者具有多么大的重要性。

下面三个男人的成功可以很好地说明这一点。

德国商人施密特本是一个退役军人，在医院疗养期间，他读了《思考和致富》一书，深受启发，他很想实践一下书中所说的话，通过自己的努力变成一个有钱人。

一天护士把他洗好的衣服帮忙取回来了，洗好的衣服都折叠在一块硬纸板上，以保持它的平整，避免起皱。施密特受到了启发，有了一个新奇的想法。他从洗衣店那里得知这种衬衣纸板每千张的价格是4马克。他想以每千张1马克的价格出售纸板，但要在每张纸板上登广告。登广告的费用由他负担。他的朋友都泼冷水，觉得这种小生意不划算，赚不着钱。但施密特却不这样看，他知道自己有更大的目标，但是什么样的目标都要从小事做起。

从疗养院出来后，他就把全部精力投入到行动中，把想像的事情变成了现实。

过了一段时间，施密特的客户越来越多，他自己也积累了一些经验，这时，他决定把生意做得再大一些。他发现衬衣上的纸板一旦被撤除后，就不会被洗衣的顾客所保留。怎样才能使顾客保留登有广告的纸板呢？他又想出了一个新办法：在衬衣纸板的一面仍然印广告，另一面印上有趣的儿童游戏或主妇菜谱、字谜、谚语、小常识等。这一招果然很奏效。许多家庭主妇不等衣服穿脏就又送到洗衣店去洗。洗衣店老板一看生意多了起来，也很高兴，十分愿意定购施密特的纸板，因此施密特的生意也跟着越做越大。

许多日本人都知道广东徐子安的"安记"粥店。

徐子安本来是个船员，25岁的时候离开了家乡广东，来到日本。刚到日本的时候，他也曾经雄心勃勃，想干一番大事业。他把目光盯在日本著名的大老板们身上，美慕人家的机遇好，他祈祷自己也能找到几件大事来做。可是，等待、寻觅了一段时间后，他认识到要做大事并不是那么容易的，许多大事都是从小事开始的。于是，他决定从小事做起。

他发现日本横滨的唐人街上住着很多华侨，就在那里开了一家小小的粥店。卖粥能赚几个钱？人们都笑他目光短浅，胸无大志。可是，徐子安却干得很起劲。他熬粥很有自己的方法。他先用猪骨头、鸡骨头炖汤，再把汤过滤好备用。前一天晚上，他就把米洗好淘好，泡在水中，第二天天还没亮，大约4点多钟他就起来熬粥。为了把粥熬好，需要用文火，并且长时间守在炉火边，直到粥变成了泥糊状才行。华侨们都特别喜欢徐子安的粥，每天早上8点钟，徐子安的小粥店门前都排了长长的队伍。苦心经营了3年后，徐子安积攒了一些资金，他把店面扩大了，还在三岛设立了分店。

李嘉诚是赫赫有名的房地产巨头，但他的成功也是从小事开始的。1950年，他决心学做生意。他用自己节衣缩食省下来的钱开设了一家专门生产玩具和家庭用品的小塑料厂。刚开始，大家都嘲笑他，说他没出息。的确，那家小厂根本没让李嘉诚赚到钱，惨淡经营了几年，李嘉诚也就赚了吆喝声。但是，李嘉诚对这样的"小事"始终孜孜不倦，做起来极为认真。通过锻炼，他积累了丰富的经验。20世纪50年代后期，李嘉诚终于抓住了机遇，取得了非凡的成功。

每一个成功者，在他们的身上都存在着很多共性，不轻视小事，凡事从小事做起就是他们的共性之一，它是我们每一个人值得借鉴的宝贵经验。眼前的小事或许正是将来大成就的幼苗和基石，只有做好眼前的小事才能一步步走向成功，所以一定不能轻视小事。

锲而不舍
才能抵达成功

有的人为了自己的梦想，可以坚持一年，两年，甚至十年，二十年，有的人则能够坚持一辈子，至死不渝，在他们眼里，想要成功就不能放弃，放弃就一定不会成功。

有位外资企业的管理顾问，在他的办公室里，各种豪华的摆设、考究的地毯、忙进忙出的员工，这些都说明他成就非凡。但就是这位管理顾问成功的背后，也藏着鲜为人知的辛酸史。在创业之初，他把十年的积蓄用得精光。因为付不起房租，一连几个月都以办公室为家。他因为坚持实现自己的理想，而拒绝了几家跨国企业的高薪诚聘。

八年艰苦卓绝的努力，八年拼搏挣扎，他没有一句牢骚，反而对手下员工们说，我还在学习啊。这是一种无形的、捉摸不定的生意，竞争很激烈，实在不好做，但不管怎样，我还是要继续下去。有一位员工看到他的老总清瘦但刚毅的面容，忍不住问，这几年来您感到过疲倦吗？顾问大笑说没有，我不觉得辛苦，反而认为这是受用无穷的经验。

这是一个成功者平常心的深刻再现，他认真、踏实、肯干。我们完全有理由相信，彪炳的功业，无一不经受过无情的打击，只是这些成功者能坚持到底，终于获得辉煌成果。

天底下没有不劳而获的果实，如果能利用种种困难与失败，决不轻言放弃，使你更上一层楼，那么你一定可以达到成功。

不管办什么事，只要放弃了，就没有成功的机会；不放弃，就会一直拥有成功的希望。

如果你有99％想要成功的欲望，却有1％想要放弃的念头，这样只能与成功无缘。

遭受困难，一般有的人会在一个月之后放弃，或两个月之后放弃，或在三个月之后放弃……这些人抱着这样的习惯和态度，是不可能成功的。因为，放弃本身也是一种习惯；放弃表示你对困难的恐惧，对成功的恐惧。

不要因困难而变成一位恐惧的懦夫。当你尽了最大的努力还没有成功时，不要放弃，只要开始另一个计划就行了。希腊一位名叫戴莫森的演说家，由于口吃，说话吐字不清晰而感到羞于见人。戴莫森的父亲留下一块土地，希望儿子富裕起来。然而，希腊当时有一条法律规定，在某人向社会公众声明土地所有权之前，首先要在公开的辩论中战胜所有人，否则，他的土地就会被没收，由政府公开拍卖。口吃，加上性格内向，戴莫森在辩论赛中惨遭败北，失去了那块土地的所有权。他认识到自己的不足，此后便发奋努力，掀起了希腊有史以来最大的演讲高潮。戴莫森成功了，他从此得到许多有同样口吃的老人、青年和孩子的崇拜。

拿破仑·希尔说，在放弃所控制的地方，是不可能取得任何成就的。轻言放弃是意志的地牢，它让意志跑进里面躲藏起来，并企图在里面隐居。放弃带来迷信，而迷信是一把短剑，伪善者用它来刺杀灵魂。

不管你干什么事情，如果你选对了行业，如果你切实渴望成功，只要你不放弃，就会到达成功的彼岸，幸福女神就会垂青于你。

方向
决定行为

没有目标的人生，就像无舵的航船，不知随风漂向何处。而勇于建立目标、敢于梦想的人，就拥有了行动的指南，这将使他拥有成功的可能，行动的动力。

1963年，蔡志忠15岁。一天晚上，蔡志忠的父亲一如平常地坐在藤椅上看报，蔡志忠走到他身后，怯怯地说："爸，我明天要到台北去画漫画。"

爸爸头也没抬说："有工作吗？""有了。""那就去吧！"

短短的十来秒，一问一答间，蔡志忠的父亲一动没动，继续看着手中的报纸，而蔡志忠也一直垂手站在父亲的身后。然而，正是这简短的对话，成为影响蔡志忠一生最重要的时刻。从此，他只身离家北上闯荡人生，身上只带了250块钱。

如今，40多年过去了，蔡志忠的漫画已在38个国家出版发行，总印数达四千万册；全球每天至少有十五部机器在印他的作品，每年仅版税收入就有数千万台币。20世纪80年代中后期，他曾连续两年名列台湾十大畅销书作家之首。

1948年2月2日，蔡志忠出生在台湾彰化县农村。念小学时，他功课很好，毕业时，全校只有他一个人考取了彰化中学，这使他成了父亲在邻里朋友间炫耀的宝贝。上中学后，由于校园改建每天只上半天课，蔡志忠一下子有了空，开始认真研习漫画。他将书报杂志上的漫画拿来细细揣摩，然后将心中的构思画在纸上，向出版社投稿。

由于蔡志忠的大部分时间都被漫画"勾"走了，用在功课上的不及十分之一。结果，英文第一学期才考了三十几分，代数勉强及格。到了第二学期结束时，他的代数也挂了"满红"。以前考92分回家就大哭的蔡志忠，将面临留级的惩罚。这恐怕是蔡志忠人生第一次大挫折，失望的父亲免不了责备几句，但并没有终日盯着儿子，逼他用功，而是在生气之余采取了静观的态度。

就在这时，台北一家漫画出版社"集英社"写信给蔡志忠，邀他去为他们画漫画。当时对蔡志忠而言，在学业与漫画之间做一抉择并不痛苦，因为蔡志忠实在是太爱漫画了，可是……父亲会答应我放弃未完成的学业吗？

幸运的蔡志忠得到父亲的支持。多年后，当有人问已81岁高龄的蔡父："当年怎么会那么放心地让志忠'离家出走'？"老人淡淡地说："我给他以充分的自由，事情只要认真做，就好！"

1985年，蔡志忠以漫画家的身份获得台湾"十大杰出青年"荣誉。在颁奖典礼上，他致了这样的答词："我特别要感谢我的父亲，感谢他没有逼我继续上学；感谢他没有叫我进补习班，没有叫我念电脑班；更没有把他一生没有完成的愿望，叫我替他去实现。因而才使我有机会画漫画，感谢爸爸！"

到了台北三个月后，他就跳槽到当时最大的漫画出版社——文昌出版社。在"文昌"，他做了四年，总共出版了两百多本连环漫画，月薪加稿费达到一万元。

然而，蔡志忠对自己并不满意。他认为，他的那些作品都取材自市井武侠小说，没什么意思，也谈不上水平。正在苦恼之际，他接到了入伍通知。退伍之后，他坚决不再为"文昌"效力，宁可在一家建设公司领取三千多元的月薪，从事自己不大感兴趣的美术设计工作。

不久，他在报上看见"光启社"征求美术设计人才，其中两个条件使他大受刺激：大学相关科系毕业，两年以上电视节目实际工作经验。他想："我虽然中学都没毕业，但自信能力超群。"于是，他抱着作品选集去找招工负责人。结果，在与29名大学生的竞争中，光启社只录用了他一人。

光启社的工作主要是为电视节目设计片头，这满足不了蔡志忠的创作欲望。于是，他用三个月的时间，没请教任何人，学会了动画片的创作方法，然后，就离开光启社，成立了"远东卡通公司"，专门从事广告动画片的制作。1981年，公司制作出品的《七彩卡通老夫子》，不但创下电影界有史以来的最高票房纪录，而且获得当年的最佳动画片金马奖。

蔡志忠说："我相信只要自己喜欢做，就一定能学好、做好。人要有出息，必须靠自己。当然，'无师自通'不是无条件的，要达到较高的境界，必须如醉如痴地去追求。"

所以，正当他的卡通公司每年能赚五万多美元的时候，他却于1984年毅然离开了卡通公司，成为一个自由撰稿人，而"单独创作"的收入每年只有一万美元多一点。他说："收入一落千丈，我不在乎。对于一个漫画家来说，自由创作才是最宝贵的。一个人没有牵挂的时候，包括不考虑赚钱的多少，他才有艺术的灵感。"

在他眼里，漫画是一种有意思的表达方式，内心有所感悟时，就用画面传达给读者。为了达到漫画最高标准，他是全力以赴的。他每天早晨七点钟起床，开车送女儿去上学，然后就到自己的工作室去画画，一直画到下午六点半，晚餐后继续画，总是到凌晨两三点钟才上床睡觉。

他很珍惜时间，在他脑子里，没有昨天，也没有明天，只有今天。

漫画已经驰名世界的蔡志忠，又打算封笔，改攻石雕和水墨。很多人都觉得可惜，而他却说："不，一点也不可惜。我自37岁时卡通（动画）封笔，专心从事漫画创作，至今已经四年。在这四年里，我每天睡眠不超过五小时，每年画出三千多幅（组）漫画，仅台湾每天就有七家报纸连载我的作品。

"但我想，作为一种表达自己内心世界的方式，漫画已经被我运用得差不多了。几年来，我无所不画，神探、大侠、庄子、老子、孔子、列子、西游记、世说新语、聊斋、孟子、史记、宇宙、动物……五花八门，想到什么画什么。所以，我想尝试别的表达方式，并且自信能做好。"

蔡志忠又满怀信心地踏上了新的目标。在蔡志忠生命中，他总是能掌握住自己，锁定目标，然后义无反顾地大步向前走。

开始了起跑就别
输在了临门一脚

对于暂时的困难、短暂痛苦，作为男人，一般人是能忍受的，但当希望较小而痛苦又旷日持久时，就另当别论了。越是到行动的最后阶段，越是对意志的考验，俗话说："行百里者半九十"。因为越觉得精疲力竭，只有拥有坚韧的持久，才能一以贯之。

很多伟大作家之所以成名，都依赖于他们坚韧的持久心。其作品并不是凭借天才的灵感一蹴而就的，而是经过精心细致的雕琢，直到最后把一切不完美的痕迹除掉，才能够表现得那么高贵典雅。

卢梭认为，自己那种流畅典雅的写作风格主要得益于坚持不断的修改和润色。巴特勒主教把20年的时间和心血都倾注在他的《论类比》一书上，然而，尽管这样，最后他仍然不满意，想把作品销毁掉。维吉尔的《埃涅伊特》是用了11年时间才完成的。孟德斯鸠写作《论法的精神》用了25年，亚当·斯密写作《国富论》用了10年。古代典雅悲剧作家欧里庇德斯曾经受到对手的嘲笑，说他三天只能写出三行字，而那人却能写几百行。欧里庇德斯回答道："你三天写的几百行是不会被人记住的，而我的三行却会世代相传。"

凡事不能持之以恒，正是很多人最后失败的根源，今天还拥有百万家资，明天就可能沿街行乞。一位画家的一幅名画曾经在他的画架上搁了八年，另一幅也摆放了两年。今天，我们看到的那些为世人所景仰的作家，他们的名声是如何获得的？全都是经年累月不计报酬创作的结果。为了最后的成书，他们此前用了不计其数的文字写作作为练笔，将大半生的精力都献给了文学事业，甚至像奴隶一样地埋头耕耘，最后才换得他们唯一的补偿——永久的美名。人类迄今为止，没有一项重大的成就不是凭借坚持不懈的精神而实现的。

传说中的赫拉克勒斯头像的寓意是激励人们勇敢与各种艰难险阻作斗争，

一旦我们战胜了这些困难，它们反过来就会成为我们前进的动力和永不屈服的持久心。

哥伦布曾在意大利北部城市帕维亚大学攻读天文学、几何学和宇宙学。哥伦布喜欢在业余时间阅读《马可·波罗记》、地理学家的理论、海员的报告和传说由海外传来的非欧洲血统的有关海事的艺术和技艺的著作——所有这些都激发了他无穷的想像力。

哥伦布逐渐产生了一个坚定的信念，通过归纳和推理，认为世界是一个球体。通过演绎的推理，可知从西班牙向西航行能到达亚欧大陆，正像马可·波罗向东航行，到达了亚洲大陆一样。他怀着炽热的心情想去证实他的理论。他开始寻找必要的财政后盾、船只和人员，以便去探索未知的东西，寻找更多的东西。

他把心力始终贯穿在目标上，坚持不懈。在长达十年的时间内，他时常差一点就取得了必要的帮助。但是，这一切——国王的欺诈，人们的嘲笑、怀疑，政府下级官员的恐惧，还有一些人不讲信用，他们原本要帮助他，但在最后由于他们的科学顾问的怀疑，却拒绝给予援助——给哥伦布带来了接踵而至的失败。但他仍然坚持寻求资助。

1492年2月，原本计划会得到西班牙国王斐迪南和王后伊萨帆拉的资助，但最终失败了。他骑着骡子，缓缓地出了宫门，考虑应该往哪里去。他此时此刻看上去头发花白，精神也十分萎靡，脑袋耷拉着，几乎碰到了骡子的背上。

一天，人们在距离海岸线四百英尺的海上发现了雕有图案的木片，还在葡萄牙的海滨发现了两具尸体，从人体特征上判断，他们和已知的人种都不一样。哥伦布相信，这些尸体就是从遥远的西部一些还不为人们所知的岛屿上漂流过来的。他曾经指望葡萄牙国王能够出资，资助他进行海上航行，以便发现那些遥远的岛屿。然而，国王约翰二世一面假惺惺地答应他，另一方面却暗地里派出了自己的考察队。哥伦布几乎要绝望了。

哥伦布由于执着于航海的梦想，生活穷困潦倒，靠给别人画各种图表糊口。西班牙国王和王后斐迪南和伊萨帆拉夫妇身边的智囊人物，对他所谓的往西航行就可以到达东方的理论也嗤之以鼻。他的妻子也已离他而去，他的朋友也都把他当成疯子，对他不闻不问。

哥伦布问道："可是，既然太阳、月亮都是圆的，为什么地球不能是圆的？"

"如果一个人头朝下，脚朝上，就像在天花板上的苍蝇一样，你觉得这可能吗？"一位博士继续问哥伦布，"树根如果在树的上边，它可能长吗？""这也不符合《圣经》上的说法。《以赛亚书》上说：'苍穹铺张如幔'，这说明地显然是平直的，说它是圆的，那是异端。"

"池塘里的水也会流出来，我们也就站不起来了。"另一位哲学家补充道。正当哥伦布对他们彻底绝望，想去为查理七世效力的时候，事情出现了转机。王后的一个朋友对她建议说，万一哥伦布的说法是对的，那么，只需要一笔很小的花费，就可以大大地抬高她统治的声望。"好的，我把我的珠宝拿去抵押，就算是给他的经费，喊他回来。"王后同意了。

哥伦布的资金问题解决了，可是没有一个水手愿意和他一起出海。国王和王后只好用强制手段下了命令，让他们必须去。于是，他们乘坐"平塔号"帆船出了海。他们的船很小，比平常的帆船大不了多少。刚刚起程三天，船舵就断了。水手们内心都产生了一种不祥之兆，一时情绪非常低落。哥伦布就向他们描述了一番他所知的印度的景象，说那里遍地金银财宝，这样才增强了水手们的信心。

船驶过加那利群岛以西200英里后，帆船的磁针不再是朝着北极星的方向了。水手们说什么也不肯再往前走，一场叛乱迫在眉睫。这时哥伦布又向他们解释，说北极星实际上并不在正北方，最后总算说服了他们。当船航行到距离出发地2300英里远（哥伦布故意骗他们说只有1700英里远）的时候，他们发现了有樱桃木在水面上漂流，船周围时常有一些陆上的鸟类飞过，还从水里打捞起一块很奇怪的雕有图案的木片。到了12月12日，哥伦布把西班牙王国的旗帜插在了一块陆地上。哥伦布在加勒比海岸登陆以后，就带着金子、棉花、鹦鹉、珍奇的武器、神奇的植物、不知名的鸟兽以及几个土人回到了西班牙。他认为他已经到达了他的目的地，已经到达了印度以外的屿，但实际上他失败了。他没有到达亚洲。哥伦布虽然未能立即认识到这一点，但他却发现了更多的东西，相当多的东西！

　　你也可能像克里斯托福·哥伦布一样，没有实现你的主要目标。你像他一样，可能尽了很大努力，却未能走进未知的领域，未能到达遥远的目的地。但是，你可以发现更多的东西——等于两个美洲财富的东西。你也可能像他一样，正以坚韧不拔的持久心去追求已确定的主要目标，以便找到更多的东西。你要像哥伦布那样，不耻于做一个失败者。你也可能像他一样，可以鼓舞和指导那些追随和协助你的人驶向正确的方向，在正确的航道上继续深入到未知，直至到达目的地。

不应付，不浮躁，
要做就要做到最好

———•———

④

伟大的事业都是由一件一件具体的事情积累而来，一个男人本事再大也不可能一步登天。只有把具体的事情做好，日积月累，那么成功就是一件水到渠成的事。做事不难，难的是把事情做好，做到让自己满意，让别人也满意。这一方面与个人的能力是分不开的，另一方面，也是很重要的一个因素，那就是做事的心态。但凡成功的男人对待手边的事情都透着一股狠劲儿，要么不做，要做就做到最好；能做到十分，就绝对不会做到九分应付交差。

成功的每一个环节
都马虎不得

事业能否做大，根本不在于从事什么行业，而是取决于自己对所做的事有没有一股做到最好的狠劲儿。

要获得一流的成果，就应有一流的精神：就算一生洗厕所，也要做一个洗厕所最出色的人——这样想问题才是做事立业的根本。

日本国民中广为传颂着一个动人的小故事：许多年前，一个妙龄少女来到东京帝国酒店当服务员。这是她涉世之初的第一份工作，也是她迈出人生之路的第一步。

但意想不到的是，上司竟安排她洗厕所！洗厕所？说实话没人爱干，何况喜爱洁净的她干得了吗？洗厕所时在视觉上、嗅觉上以及体力上都会使她难以承受，心理暗示的作用更是使她忍受不了。当她用自己的手拿着抹布伸向马桶时，胃里立刻"造反"似的翻江倒海，恶心得几乎呕吐却又吐不出来，太难受了。而上司对她的工作质量要求特别高，高得骇人：必须把马桶冲洗得光洁如新！

她当然明白"光洁如新"的含义是什么，她当然更知道自己不适应洗厕所这一工作，真的难以实现"光洁如新"这一高标准的要求。因此，她陷入困惑、苦恼之中，是继续干下去，还是另谋职业？继续干下去——太难了！另谋职业——知难而退？她不甘心就这样败下阵来，她想起了自己初来时曾暗暗赌过的一口气：人生第一步一定要走好，马虎不得！

在这关键时刻，同部门的一位前辈及时地帮了她一把，更重要的是帮她认清了人生道路应该如何走。他没有用空洞理论说教，只是亲自做个样子给她看了一遍。

首先，他一遍遍地抹洗马桶，直到抹洗得光洁如新。然后，他从马桶里盛了一杯水，一饮而尽！竟然毫不勉强。实际行动胜过千言万语，他不用一言一语就告诉了少女一个极为朴素、简单的道理：光洁如"新"，新则不脏，是可以喝的。反过来讲，只有马桶中的水达到可以喝的洁净程度，才算是把马桶抹洗得"光洁如新"了。

他送给她一个含蓄的、富有深意的微笑，同时也送给她一束关注的、鼓励的目光。这已经足够了，因为她早已激动得不能自持，从身体到灵魂都在震颤。她目瞪口呆，热泪盈眶，恍然大悟，如梦初醒！她痛下决心：

"就算一生洗厕所，也要做一名洗厕所最出色的人！"

她成为一个全新的、振奋的人；她的工作质量达到了那位前辈的高水平。她也多次喝过厕所水，为了检验自己的自信心，为了证实自己的工作质量，也为了强化自己的敬业心；她很漂亮地迈好了人生第一步；从此，她踏上了成功之路，开始了她的不断走向成功的人生历程。

几十年光阴一瞬而过，后来她成为日本政府的重要官员——邮政大臣，她的名字叫野田圣子。

这样一个女人足以让天下的男人汗颜。身为一个男人，身为一个优秀的男人，我们没有别的选择，只能比她更狠，比她做得更好。这是一种气节，一种做事的精神。有了这种气节的支撑，有了这种精神的激励，相信我们的人生会更加精彩。

与你的粗浮之心说再见

身为一个男人，不管你是穷人或富人，官员或普通百姓，不管从事什么职业，从艺还是经商，务农还是做工，都不可有粗浮心，就是不可有粗枝大叶、马马虎虎、浮躁不踏实的心态。

美国成功学家马尔登说过，马马虎虎、敷衍了事的浮躁心态，可以使一个百万富翁很快倾家荡产。相反地，每一个成功的男人都是认认真真、兢兢业业的。追求精确与完美，是成功者的个性品质。他讲了这样一个故事——旧金山一位商人给一个萨克拉门托的商人发电报报价："1万蒲式耳大麦，单价1美元。价格高不高？买不买？"萨克拉门托的那个商人原意是要说"不。太高。"可是电报里却漏了一个句号，就成了"不太高。"结果这一下就使得他损失了1000美元。

中国也有这样因粗心大意而造成巨大损失的事例。一家皮货商订购一批羊皮，在合同中写道："每张大于4平方尺、有疤痕的不要。"注意，其中的顿号本应是句号。结果供货商钻了空子，发来的羊皮都是小于4平方尺的，使订货者哑巴吃黄连，有苦说不出，经济损失惨重。

"粗心"、"懒散"、"草率"，这样一些评价送给生活中成千上万的失败者毫不为过。有多少人，包括职员、出纳、教师、编辑，甚至大学教授，都是因为粗心马虎而丢失了他们的工作。

相反地，做事认真，则能帮助一个男人获得成功。法国作家大仲马有一个朋友，他向出版社投稿经常被拒绝。这位朋友就来向大仲马求教。大仲马的建议很简单：请一个职业抄写人把他的稿子干干净净誊写一遍，再把题目做些修改。这位朋友听从了大仲马的建议，结果他的文章就被一个以前拒绝过他的出版商看中了。再好的文章，如果书写太潦草，谁会有耐心去拜读呢？

美国著名演员菲尔兹曾说道："有些妇女补的衣服总是很容易破，钉的扣子稍一用力就会脱落；但也有一些妇女，用的是同样的针线，而补的衣服、钉的纽扣，你用吃奶的力气也弄不掉。"做事是否认真，体现着一个人的心态。只有那些有着严谨的生活态度和满腔热忱的富有敬业精神的人，才会认真对待每一件事，不做则已，要做就一定要尽心尽力做好。这样的人也往往会得到别人的信任，为自己打开成功之门。

1985年，卡菲里在西雅图维尤里奇学校当图书馆员时，有一天，一个四年级老师找到他说，她有个学生总是最先完成功课，他需要干点别的对他有挑战性的工作。"他可以来图书馆帮帮忙吗？"她问道。

"带他来吧。"卡菲里说。

不一会儿，一个穿牛仔裤和圆领衫，长着沙色头发的清瘦男孩进来了。

卡菲里向他讲述了杜威十进制分类藏书法。他很快明白了。然后，卡菲里让他看了一堆卡片，上面的书目都是逾期很久未归还的。但现在卡菲里怀疑这些书其实已归还，只是夹错了卡片和放错了地方，需要查找核实一下。

"这是否有点像侦探工作？"他眨着眼睛兴奋地问。

卡菲里说："是的。"

他便劲头十足，像个真正侦探似的干开了。

到他的老师进来宣布"休息时间已到"时，他已发现了3本夹错卡片的书。他还想继续把活干完为止。但老师说他得出去呼吸一下新鲜空气。她最后说服了他。

第二天早晨，他很早便来了。"我想今天把夹错卡片的书全找出来。"他说。到下午下班前，他问卡菲里，他是否已够格当个真正的图书馆员，卡菲里说这毫无疑问。他实在勤奋认真得可以。

几星期后的一天，卡菲里在办公桌上发现了张请柬，是那个整理图书的学生请他去家里吃晚饭。

在那愉快的晚宴结束前，那位学生的妈妈宣布，他们全家将搬到附近一个地区。她还说，她儿子最舍不得的就是维尤里奇图书馆。

"今后谁来找遗失的书呢？"他问。

到他搬家时，卡菲里很不情愿地同他分了手。这男孩乍一看似乎很寻常，但他做事的那种专注和认真却使他显得与众不同。卡菲里万没料到的是，那个男孩日后会成为信息时代的奇才，他就是因创办微软公司而改变全世界的比尔·盖茨。

认真的精神，其实质是对自己、对他人、对家庭和对社会的高度责任感。如果你是个制作飞机轮胎的工人，你就要认真地保证产品的质量。不然，马马虎虎做出的轮胎装到飞机上，就可能发生机毁人亡的大事故。协和飞机曾发生恶性事故，原因就是出在轮胎质量不合格上。日本的电器产品和汽车一向以高质量著称，但近一两年却发生了一些严重的质量事故，如电视机爆炸、汽车的安全气囊失灵等，引起消费者强烈不满。这与某些日本生产厂家的粗浮作风不无关系，而且也已引起了他们的深刻反省。

做事能否认真，与有否耐心关系密切。《围炉夜话》一书里把处事心浮气躁、耐不得麻烦视作一个男人最大的缺点。许多男人做事只图快，只图省力气，怕麻烦，于是偷工减料，"萝卜快了不洗泥"，这样做出的"成果"必然是经不起检验。现在市场上许多劣质产品使消费者吃尽苦头，其中原因之一就在于某些制作者不愿意耐心地按工艺要求去做，结果产品如同废品一般。

做事缺乏耐性、不认真，还有深层次的原因。《书摘》杂志曾刊登过一篇文章，题为《风格与耐性》。文章说，当金钱逐渐成为衡量价值的唯一的标尺时，我们的时代不能不变得浮躁起来。作者说，维也纳的伯森多费尔钢琴，当初出自一家默默无闻的小厂，因为李斯特而使之扬名。成为名牌后，一百多年来他们始终以传统手工艺为主，生产一台专用三角钢琴的工艺流程需要62个星期。而国内近年来兴起的钢琴狂热，一个早晨就可以冒出几十上百家钢琴厂，而年产几百上千台的厂家也并不稀奇。对比一下，一个是为了商业和音乐的崇高永恒，一个是为了纯粹的经济效益。作者还提到北京的一座现代味十足的饭店建筑，被列为北京的新十大建筑之一。但一位建筑行家却指出，这座建筑的做工过于粗糙，工人的技艺太差，而相比之下老一代工人则有着卓越的技艺。作者问："我们失去的仅仅是一种技术吗？”

作者慨叹，这种浮躁的风气表明"我们越来越缺乏耐性了"。而"一个人没有耐性就是一个不健康的人，一个民族缺乏了耐性就是一个不健康的民族。我们与其天天呼唤着产品质量，倒不如好好地呼唤一下耐性。金钱正在大口大口地吞噬着我们的耐性，把我们搞得无比浮躁。这的确很危险。"而这种"浮躁"，这种"缺乏耐性"，正是为人做做不再认真、充满着"粗浮心"的突出表现。之所以如此，一个重要原因，就是急功近利。

能否认真做事，不但是个行为习惯的问题，更反映着一个人的品行。"认认真真"与"清清白白"是不可分离的。很难想像一个整天只图着自己安逸和舒服，只想着走捷径取巧发财的人，会不辞劳苦地、耐心地、认认真真地去做好该做的事。认真做事的前提，是认真做人。

世界上怕就怕"认真"二字。做事细心、严谨、有责任心、追求完美和精确，是认真；做人坚持正道，不随波逐流，不为蝇头小利所惑，"言必行，行必果"，也是认真；生活中重秩序、讲文明、遵纪守法，甚至起居有节、衣着整洁、举止得体，也是认真的体现。认真就是不放松对自己的要求，就是严格按照"真、善、美"办事做人，就是在别人苟且随便时自己仍然坚持操守，就是高度的责任感和敬业精神，就是一丝不苟的做人态度。认真的人受人尊敬和信任，认真的人办事效率高过那些不认真的所谓"快手"。就是从效益上讲，由于认真而减少了浪费、重复劳动、返工等，无疑的是给社会和自己增加了一笔巨大的财富。

洛克菲勒是美国石油大亨，他的老搭档克拉克这样评价道："他有条不紊和细心认真到极点。如果有一分钱该归我们，他要取来；如果少给客户一分钱，他也要客户拿走。"

洛克菲勒对数字有着极强的敏感性，他常常在算账，以免钱从指缝中悄悄溜走。他曾给西部一个炼油厂的经理写过一封信，严厉地质问道："为什么你们提炼一加仑火油要花1分8厘2毫，而另一个炼油厂却只需9厘1毫？"这样的信还有："上一个月你厂报告有1 119个塞子，本月初送给你厂10 000个。本月你厂用去9 537个，却报告现存1 012个。其他570个下落如何？"类似这样的信据说洛克菲勒写过上千封。他就是这样从账面数字——精确到毫、厘位，分析出公司的生产经营情况和弊端所在，从而有效地经营着他的石油帝国。

洛克菲勒这种严谨认真的工作作风是在年轻时养成的。他16岁时初涉商海，是在一家商行当簿记员。他说："我从16岁开始参加工作就记收入支出账，记了一辈子。它是一个能知道自己是怎样用掉钱的唯一办法，也是一个人能事先计划怎样用钱的最有效的途径。如果不这样做，钱多半会从你的指缝中溜走。"

附带要说一句，洛克菲勒在公司的财务上是斤斤计较的，但是在向社会捐助慈善资金方面他却十分慷慨。可见他的锱铢必较是一种经营管理上的认真作风，而非"守财奴"或"铁公鸡一毛不拔"。

认真地做事，认真地做人，这在今日这个浮躁的时代尤其需要我们身体力行。不要放纵自己的"粗浮心"和"十分不耐烦"的坏毛病。曾经有一位著名作家说道："无论做什么事情，都应该尽心尽力，一丝不苟。这是因为，究竟什么才事关真正的大局，究竟什么才是最重要的，这一点其实我们也不是很清楚。也许在我们眼里微不足道的小事，实际上却可能生死攸关。"一个质量不过关的轮胎会毁了一飞机的人，一个标示错的标点会带来极大的财产损失，一个设计上的小小错误会使一座大桥塌陷……这样的教训太多了，一个欲成大事的男人一定引以为戒。

专注
创造辉煌

人们在生活中都有这样的体会：有的男人爱好广泛，什么事都想去尝试，结果却是什么事都没做好，其实"多才多艺不如专精一门"，不如把心思放在一件事上专心地把它做好。

"一次只做一件事"，就意味着集中目标，不轻易被其他诱惑所动摇，经常改换目标，见异思迁或是四面出击，往往不会有好结果。要想做出成就，我们要做的工作只是精益求精，把产品做成精品。

他从小文科成绩都是红字连篇。他的读写速度很慢，英文课需要阅读经典名著时，只能从漫画版本下手。他常常说："我的脑袋里有想法，但是却没有办法将它写出来。"后来医生诊断他患有识字障碍。之后他凭借优异的数理成绩，进入美国名校斯坦福大学就读。他发现商业课程对他而言比较容易，于是选择经济为主修，在英文及法文仍然不及格的同时，全力投注于商学领域，获得MBA学位。毕业时，他向叔叔借了10万美元，开始自己的事业。1974年，他于旧金山创立的公司，如今已名列世界五百强企业，拥有26万多名员工。

他就是施瓦布，嘉信理财（ChadcsSehw）的董事长兼CEO（首席执行官）。现在，施瓦布的读写能力仍然不佳，当他阅读时必须念出来，有时候一本书要看六七次才能理解，写字时也必须以口述的方式，借助电脑软件完成。

一个先天学习能力不足的人，何以能成就一番事业？施瓦布的答案是：由于学习上的障碍，让他比别人更懂得专注和用功。

"我不会同时想着18个不同的点子，我只投注于某些领域，并且用心钻研。"他说。

这种做事认真的专注态度，也展现于嘉信27年的历史中。当其他金融服务公司将顾客锁定于富裕的投资者时，嘉信推出平价服务，专心耕耘一般投资大众的市场，终于开花结果。之后随着科技的进步及顾客的成长，嘉信于每个时期都有专心投注的目标，许多阶段的努力成果，成为业界模仿的对象，在金融业立下一个个里程碑。

"一次只做一件事"，意味着一个人在某一段时间里只能把精力集中于一件事情，把一件事做到底。纵观失败的案例，大约有50％的情况是由于半途而废，未能坚持下去所致。

一个人的精力是有限的，把精力分散在好几件事情上，不是明智的选择，而是不切实际的考虑。在这里，我们提出"一件事原则"，即专心地做好一件事，就能有所收益，能突破人生困境。这样做的好处是不致于因为一下想做太多的事，反而一件事都做不好，结果两手空空。

想成大事者不能把精力同时集中于几件事上，只能关注其中之一。也就是说，人们不能因为从事分外工作而分散了自己的精力。

如果大多数人集中精力专注于一项工作，他们都能把这项工作做得很好。

在对100多位在其本行业获得杰出成就的男女人士的商业哲学观点进行分析之后，有人发现了这个事实：他们每个人都具有专心致志和明确果断的优点。

最成功的商人都是能够迅速而果断作出决定的人，他们总是首先确定一个明确的目标，并集中精力，专心致志地朝这个目标努力。

伍尔沃斯的目标是要在全国各地设立一连串的"廉价连锁商店"，于是他把全部精力花在这件工作上，最后终于完成了此项目标，而这项目标也使他成为了成大事者。

林肯专心致力于解放黑奴，并因此使自己成为美国最伟大的总统。

李斯特在听过一次演说后，内心充满了成为一名伟大律师的欲望，他把一切心力专注于这项目标，结果成为美国最有成就的律师之一。

伊斯特曼致力于生产柯达相机，这使他赚取了数不清的金钱，也给全球数百万人带来无比的乐趣。

海伦·凯勒专注于学习说话，因此，尽管她又聋、又哑，而且还瞎，但她还是实现了她的明确目标。

可以看出，所有成大事的人物，都把某种明确而特殊的目标当做他们努力的主要推动力。

专心就是把意识集中在某一个特定欲望上的行为，并要一直集中到找出实现这项欲望的方法，并将之付诸实际行动。

对于任何东西，你都可以渴望得到，而且只要你的需求合乎理性，并且十分强烈，那么"专心"这种力量将会帮助你得到它。

假设你准备成为一个成大事的作家，或是一位杰出的演说家，或是一位成大事的商界主管，或是一位能力高超的金融家，那么你最好在每天就寝前及起床后，花上10分钟，把你的思想集中在这项愿望上，以决定应该如何进行，才有可能把它变成事实。

当你要专心致志地集中你的思想时，就应该把你的眼光望向一年、三年、五年甚至十年后，幻想你自己是这个时代最有力量的演说家；假设你拥有相当不错的收入；假想你利用演说的金钱报酬购买了自己的房子；幻想你在银行里有一笔数目可观的存款，准备将来退休养老之用；想像自己是位极有影响的人物；假想你自己正从事一项永远不用害怕失去地位的工作……惟有专注于这些想像，才有可能付出努力，美梦成真。

一次只专心地做一件事，全身心地投入并积极地希望它成功，这样你的心里就不会感到精疲力尽。不要让你的思维转到别的事情、别的需要或别的想法上去。专心于你已经决定去做的那个重要项目，放弃其他所有的事。

做得少一点，做得好一点，把手头的事情做精，做透。要说把事做成功的秘诀，其实就是这么简单。

带着狠劲将每件事做到极致

一个能够享有盛名、迅速成功的男人，做起任何事情来，一定狠劲儿十足，结果处处得心应手；一个为人思维意识含糊不清的人，做起事来，一定也是含糊不清。天下事不做则已，要做就非做得十分完善不可，这就是一个优秀的男人的做事宣言。

在宾夕法尼亚的山村里，曾有一位出身卑微的马夫，他后来竟成为美国一位著名的企业家，他那惊人的魄力、独到的思想，为世人所钦佩。他就是查理·斯瓦布先生。他的成功秘诀在于：他每得到一个位置时，从不把月薪的多少放在心里，他最注意的是把新的位置和过去的比较一番，看看是否有更大的前途。

当他还在钢铁大王卡耐基的厂中做工时，曾自言自语地说："总有一天我要做到本厂的经理，我一定要做出成绩来给老板看，使他自动来提升我。我不去计较薪水，尽管拼命工作，我要使我的工作价值，远超乎我的薪水之上。"他既然打定了主意，便抱着乐观的态度，欢欣愉快地努力工作。当时恐怕任何人也料不到他会有今日的成就！

斯瓦布先生小时候的生活环境非常贫苦，他只受过短时间的学校教育。从15岁起，就在宾夕法尼亚的一个山村里赶马车了。过了两年，他才谋得另外一个工作，每周只有2.5美元的报酬。可是他仍无时不在留心寻找机会，果然，不久又来了一个机会，他应某工程公司的招聘，去建筑卡耐基钢铁公司的一个工厂，日薪1美元。做了没多久，他就升任技师，接着升任总工程师。到了25岁时，他就当上了那家房屋建筑公司的经理。又过了5年，他便兼任起卡耐基钢铁公司的总经理。到了39岁，他一跃升为全美钢铁公司的总经理。现在他是伯利恒钢铁公司的总经理了。

斯瓦布每次获得一个位置时，总以同事中最优秀者作为目标。他从未像一般人那样脱离现实，想入非非。

我们从他一生的成功史中，可以看出努力劳动的伟大价值。他做任何事情总是十分乐观和愉快，同时要求自己做得精益求精。他做事总是按部就班，从不妄想一步成功，他的升迁都是势所必然的。

做事不认真，处处投机取巧，这种男人，任凭他的学识怎么丰富，本领怎么大，也不会有出头之日。要想过上美满愉快的生活，只须做事精益求精，力求完善。那些做事草率疏忽、错误多端的人，不但对不起事情，并且对不起自己！

这里谨以一句金言奉赠读者："竭力养成尽善尽美的习惯！"如果你接受这一帖兴奋剂，你的胸怀一定会开阔不少，你的品格一定将受到极大的感化。世上再没有其他好办法能使你在精神、才能上获得这样大的益处。

有许多男人往往不肯把事情做得尽善尽美，只用"足够了"、"差不多了"来搪塞了事。结果因为他们没有把根基打牢，所以不多时，便像一所不稳定的房屋一样倒塌了。

失败最有效的诀窍，就是从小养成马马虎虎、虎头蛇尾的习惯。而成功的最好方法，就是把任何事都做得精益求精，尽善尽美。

做事精益求精，不但可以使你的精神愉快，并且可以使你的才能迅速提高，学识日渐充实，而逐步可以胜任其他更重要的工作。所以奉劝初入社会、渴望成功的青年们都要熟记四个字："尽善尽美"。它是你一生成败的最大关键。

做事尽善尽美，不但能够使你迅速进步，并且还将大大地影响你的性格、品行和自尊心。任何人如果要瞧得起自己，就非得秉持这种精神去做事不可。

无论走到何处，一位工作完美无缺的人，总是受人欢迎的。所以你应该早些打定主意：非把任何事情处理得至善至美不可。对于任何事，你都要倾注全部精力去做。

不要管别人做得怎么样，事情一到了你的手里，就非将它做得很完美无缺不可。如果你能秉着这种态度去做事，那么你一定会是个成功的男人。

有精有通
才能走向巅峰

　　无论从事什么职业，都应该精通它。勤于钻研，下决心掌握自己职业领域的所有问题，就可以使自己变得比他人更具竞争力。如果你精通自己的全部业务，就能赢得良好的声誉，这是快速提升自己境界的绝佳途径。

　　当你精通了你的业务，成为了你那个领域的专家时，你便具备了自己的优势。尤为重要的是，成为专家要尽快。这里我们强调"尽快"，并没有一定的时间限制，只是说要越早越好。这完全要看你个人的资质和客观环境。但如果拖到四五十岁才成为专家，总是慢了些。因为到了这个年龄，很多人也磨成专家了，那你还有什么优势可言？因此"尽快"两个字的意思是——走上社会后入了行，就要毫不懈怠，竭尽全力地把你那一行钻研清楚，并成为其中的佼佼者。如果你能这么做，你很快就可以超越其他人。

　　一般来讲，刚走入社会的年轻人心志还不十分稳定，有的忙于玩乐，有的忙于谈情说爱，真正把心思放在钻研工作上的不是很多，很多人只是靠工作来维持生计，一心想成为"专家"的则更少了。别人在玩乐、悠闲，这不正是你的好时机吗？苦熬几年下来，你累积了自己的实力，超乎众人，他们再也追不上来，而这也就是一个人事业成就高低的关键。

　　那么怎样才能"尽快"在本领域中成为"专家"呢？

　　首先，选定你的行业。你可以根据所学来选，如你没有机会"学以致用"也没有关系，很多有成就的人所取得的成就与其在学校学的专业并没太大关系。不过，与其根据学业来选，不如根据兴趣来定。不管根据什么来选，一旦选定了这个行业，最好不要轻易转行，因为这样会让你中断学习，减低效果。每一行都有其苦乐，因此你不必想得太多，关键是要把精力放在你的工作之上。

　　其次，勤于钻研。行业选定之后，接下来要像海绵一样，广泛摄取、拼命吸收这一行业中的各种知识。你可以向同事、主管、前辈请教，加班不算钱也没关系，这也是一种学习。另外可以吸收各种报章、杂志的信息。此外，专业进修班、讲座、研讨会也都要参加。也就是说，要在你所干的这一行业中全方位地深度发展。

最后，制定目标。你可以把自己的学习分成几个阶段，并限定在一定的时间内完成学习。这是一种压迫式学习法，可迫使自己向前进步，也可改变自己的习惯，训练自己的意志。然后，你可以开始展示自己学习的成果，你不必急于"功成名就"，但一段时间之后，假若你学有所成，并在自己的工作中表现出来，你必然会受到老板的注意。当你成为专家后，你的身价必会水涨船高，也用不着你去自抬身价，而这正是你"赚大钱"的基本条件。只要有"专家"的条件，人人都会看重你，何愁高工资？

不过，成了"专家"之后，你还必须注意时代发展的潮流，你还要不断更新提高自我，否则，你又会像他人一样原地踏步，你的"专家"水平又打了折扣。到那时，想争气又依靠什么呢？

成功取决于
你的精心策划

我们无法预知未来，所以很多事成功与否常常取决于你是否精心策划了每一个行动，是谨慎小心还是鲁莽草率。有些人之所以失败，就败在缺乏思考，轻率行事，而不是精心策划。

一般的人都会有草率行事而失败的时候，因为任何一个人草率行事的习惯只能让自己吃够苦头——毫无头绪、混乱不堪、漏洞百出。成大事的男人要力戒这一习惯！

"先了解你要做什么，然后去做。"对行事容易草率的人来说，这是很好的座右铭，尤其是了解自己要做什么。假如决断和行动力是迈向成熟的必要条件，则表示我们所采取的行动，必须根据良好的分析与判断。

戴尔·卡耐基先生曾访问过哥伦比亚大学的已故院长赫伯·郝克先生。在访问过程中，卡耐基特别提到郝克院长的书桌是多么整洁——因为像他这么一个大忙人，桌上通常会堆满许多资料或文件。

"要处理这么多学生的问题，你一定要随时做出许多决定。"卡耐基先生说道，"但是，你看起来十分冷静、从容，一点都显不出焦虑的样子。请问，你是如何做到这一点的？"

郝克院长回答道："我的方法是这样的——假如我必须在某一天作某一项决定，通常我都事先收集好各种相关资料，并认定自己是'发掘事实的人'。我并不浪费时间去设想该如何作决定，只是尽可能去研究与问题有关的所有资料。等我研究完毕，决定便自然产生了，因为这都是根据事实而来的，听起来十分简单，是吗？"

在生活中，我们常常看到这样的情况，在接受某个任务、某个工作安排，或者答应帮别人做事时，明智的人总是回答对方说："这事我先考虑一下。"

美国有个家庭主妇，她的朋友介绍她到某个银行去存钱，这个主妇对她的朋友说："这家银行的信用如何我不大清楚，让我考虑一下好吗？"

这个妇女在考虑的这段时间里，她注意搜集有关这个银行的资讯，并在一个聚会上见到了这个银行的董事长。主妇发现这个董事长精神不振，不是一副事业得意的样子，主妇从这个小细节里，就认识到这个银行不景气，于是把钱存进了另外一家银行，过后不久，朋友介绍的那家银行就倒闭了。

如果这位主妇遇事不思考，不精心策划，轻率地把钱存进那家快要破产的银行，其结局是可想而知的。

在公司工作，你的上级主管都会向你布置需要你来完成的工作任务，你要认真听取他的布置，并就不清楚的地方向他询问，避免因不清楚而使工作结果出现偏差，甚至失误，然后仔细阅读公司发给你的《职位说明书》。

在弄清你的工作任务之后，静下心来，仔细分析这个任务，将其细化，再把你分析的结果写成一份详细的计划书，送给经理，完成一项工作一定要精心策划，好的策划可能会收到事半功倍的结果，相反，糟糕的策划却只能把我们带入失败的深渊。只有精心策划每一个行动，才有可能出色地完成这项任务。

人生走过的路，不可能回头重走，工作也是如此。故在迈出每一步之前，必须精心策划，不可轻率。轻率即不假思索，或感情用事，或随心所欲，鲁莽行事，否则，十之八九是要失败的。

我们的行动通常受情绪、成见、急躁或其他非分析性做法的影响，这都是不成熟的表现。就好像小孩子喜欢凡事"马上去做"，或过马路的时候没有注意两旁的来车，或在大太阳下跑到海边游玩，结果却中了暑等等，都是没有考虑到具体情况，没有经过精心策划，只凭冲动便糊涂行事的幼稚行为。

在做事的过程中，每一个行动之前，都应该先有一个对这件事的打算和做这件事的策划。一个人想做好工作，首先要进行策划，以确保在工作过程中，不出现疏忽和漏洞。没有预先策划而莽撞行事的人，其结果往往只能与自己的目的相反。工作中没有精心策划每一个行动的人，做事总是打圈圈，做了的事又做一次，自己阻挡自己前进。而且最坏的是，因为他的策划不够周密和具体，在做工作时总是面临了这样或那样的阻力，因而总是难以取得预期的效果。长此以往，他们就有了退缩的念头，因为再这样下去，他们就会担心把自己的精力耗费在没有什么成就的事上。

你应当计划你要做的事，精心策划每一个行动。在这方面所花的时间是值得的。如果不精心策划，你始终不会有什么大的作为。把事情做到完美的中心问题就是：你对工作策划得如何，而不是你做得如何努力。

[思想影响态度，
态度决定行动]

在美国西点军校里有一个广为传诵的军规，就是遇到军官问话，只能有四种回答："报告长官，是"；"报告长官，不是"；"报告长官，不知道"；"报告长官，没有任何借口"。除此之外，若非长官主动询问，不能多说一个字。

这四种回答，是美国西点军校奉行的最高的行为准则，是西点军校传授给每一位新生的第一个理念。它强化的是每一位学员想尽办法去完成任何一项任务，而不是为没有完成任务去寻找借口，哪怕看似合理的借口。

在动物世界中，蚂蚁具有一种负责和敬业的精神。被众多商界精英和著名企业奉为圭臬的"没有任何借口"，在蚂蚁那里，就是"根本就没有借口"。

在现实生活中，有着蚂蚁般想尽办法去完成任务而不是找借口的男人并不多见。在我们周围，更多的是讨价还价，患得患失，拈轻怕重，瞻前顾后的男人。

这些男人在一项任务未完成的时候，通常会说出下面这样的话：

1. 谁也没问过我为什么要做这些，所以不应当是我的责任，是他们根本就没有交代明白。

2. 天哪，这段时间我都忙晕了，我会尽快去做的。

3. 第一次，没经验。

4. 我们的条件比人家差远啦。

借口给人带来的严重危害是让人消极颓废。如果养成了寻找借口的习惯，当遇到困难和挫折时，不是积极地去寻求战胜它的办法，而是去找各种各样的借口。这种消极心态像病菌一样互相感染，最终使组织和企业陷入困境。

优秀的男人从不在工作中寻找任何借口。他们明白，在自己的岗位上，就应该把每一项工作尽力做到极致。

面对工作目标，每一个男人都应该像一个军人一样不找任何借口。

如果因为一次次的借口阻止了战胜困难的脚步，那么我们很可能被置于由困难堆积而成的高山脚下，成功的结果就会离我们越来越远。

不管是什么样的工作，目标一旦确定下来，就不能有更多的讨论和商量，而是坚决地去做，不要去找借口，如同《把信送给加西亚》里的罗文中尉一样。

1898年，罗文中尉接到美国总统麦金莱的密令：把一封信送给古巴的加西亚将军，以谋求共同对付西班牙军队。罗文领命后只身踏上了寻找加西亚的路程，他并没有抱怨：

"我不知道加西亚在哪里？"

"我不知道他什么模样？"

"我不知道怎么和他联系？"

"为什么不告诉我如何到达他那里？"

他只是接受了命令，然后全力以赴去做。

结果他成功了。100年后，人们依然缅怀罗文中尉，不为别的，只因为他根本不找任何借口地去执行任务。

众所周知，德国国家足球队向来以作风顽强著称，因而在世界赛场上成绩斐然。德国足球成功的因素有很多，但有一点值得人们借鉴，那就是德国队队员在贯彻教练的意图、完成自己所担负的任务方面执行得非常得力，即使在比分落后或全队困难时也一如既往，没有任何借口。你可以说他们死板、机械，也可以说他们没有创造力，不懂足球艺术。但成绩说明一切，至少在这一点上，作为足球运动员，他们是优秀的，因为他们身上流淌着执行力文化的特质。无论是足球队还是企业，一个团队、一名队员或员工，如果没有完美的执行力，即使有再好的创造力也不会有什么好的结果、好的成绩。

美国橄榄球运动史上有一位伟大的橄榄球队教练冯斯·朗科，是许多橄榄球迷的崇拜者。在冯斯·朗科的带领下，美国红魔橄榄球队成了美国橄榄球史上最令人惊异的球队，创造出了令人难以置信的成绩。

冯斯·朗科总是这样告诉他的队员："我只要求一件事，就是胜利。如果不把目标定在非胜不可，那比赛就没有意义了。不管是打球、工作、思想，一切的一切，都应该非胜不可。"

他坚定地说："比赛就是不顾一切。你要不顾一切拼命地向前冲。你不必理会任何事、任何人，接近得分线的时候，你更要不顾一切。没有东西可以阻挡你，就是战车或一堵墙，或者是对方有11个人，都不能阻挡你，你要冲过得分线！"

正是凭着这种坚强的意志和顽强的信心，红魔橄榄球队的队员们拥有了完美的执行力。在比赛中，他们的脑海里除了胜利还是胜利。对他们而言，胜利就是结果。为了结果，他们奋勇向前，锲而不舍，没有抱怨，没有畏惧，没有退缩，不找任何借口。他们是男人的榜样。

被誉为"血胆将军"的巴顿，在他的战争回忆录《我所知道的战争》中曾写到这样一个情节：

"每当我要提拔人时，总是把所有的候选人排到一起，给他们提一个我想要他们解决的问题。我说：'伙计们，我要在仓库后面挖一条战壕，8英尺长，3英尺宽，6英寸深。'我就告诉他们那么多。我有一个有窗户或有大节孔的仓库。候选人正在检查工具时，我走进仓库，通过窗户或节孔观察他们。

"我看到伙计们把锹和镐都放到仓库后面的地上。他们休息几分钟后开始议论我为什么要他们挖这么浅的战壕。他们有的说6英寸深还不够当火炮掩体。其他人争论说，这样的战壕太热或太冷。如果伙计们是军官，他们会抱怨他们不该干挖战壕这么普通的体力劳动。最后，有个伙计对别人下命令：'让我们把战壕挖好后离开这里吧。那个老畜生想用战壕干什么都没关系。'"

最后，巴顿写到："那个伙计得到了提拔。我必须挑选不找任何借口地完成任务的人。"

一个男人做事也是这样，当你选定目标以后，就意味着必须有一个令人满意的结果，这个过程不管有多么困难，都应该找任何借口。不找任何借口，体现了一个男人对自己的职责和使命的态度。思想影响态度，态度影响行动，一个做事不找任何借口的男人，才可能成为一个成就伟大事业的人。

带着激情去大展宏图

实现目标，把事情做好，这不仅需要一个人做事的能力，做事的激情也是一个很重要的因素。激情把男人狠的一面尽情展现。没有激情，做事的能力就不会充分地发挥出来，事情的结果肯定不会尽如人意。

曾有这样一个寓言故事：一个工匠用同一铁铸成两张犁。其中一张犁特别积极，到了农民手里，马上就焕发出生命的活力——怀着激情辛勤地耕作起来；而另一张犁十分懒惰，被一直搁在家里，迟迟未能出去劳动。

一天，两张犁偶然碰在了一起，不禁唏嘘不已。那张在农民手里的犁，发出银子般的光芒，甚至比刚拿出工厂时更加光亮，而那张被闲置在家里一直无所作为的犁，却布满了铁锈，显得黯淡无光。

"老伙计，你为什么会变得那样光亮，我却如此黯淡无光呢？"那张生满铁锈的犁情绪低落地问它的朋友。

"这是因为我一直怀着激情在劳动，我一直在不停地工作啊！"那张光亮的犁骄傲地回答说，"我的伙计，你生锈了，变得反而不如以前亮了，原因是你整天待在家里，无所事事。"

由此可见，相同材料做的两张犁却有不同的结果。同理，在工作中，如果员工不怀着激情去工作，思维就会像故事中的犁一样生锈、坏掉。

激情，就是一个员工保持高度的自觉，就是把全身的每一个细胞都调动起来，完成他内心渴望完成的工作。

历史上有许多依靠个人激情，改变结果的事迹。每一个爱情故事、历史巨变——不论是社会、经济、哲学或是艺术，都因有激情的参与才得以进行。

拿破仑发动一场战役只需要两周的准备时间，换成别人那会需要一年。这中间所以会有这样的差别，正是因为他那无与伦比的激情。战败的奥地利人目瞪口呆之余，也不得不称赞那些跨越了阿尔卑斯山的对手："他们不是人，是会飞行的动物。"

拿破仑在第一次远征意大利的行动中，只用了15天时间就打了6场胜仗，缴获了21面军旗，55门大炮，俘虏15000人，并占领了皮德蒙德。

在一次拿破仑辉煌的胜利之后，一位奥地利将领愤愤地说："这个年轻的指挥官对战争艺术简直一窍不通，用兵完全不合兵法，他什么都做得出来。"但拿破仑的士兵也正是以这么一种根本不知道失败为何物的激情跟随着他们的长官，从一个胜利走向另一个胜利。

我们敬佩拿破仑，但我们更应该学习拿破仑手下那些具有无比激情的士兵，他们才是最优秀的。

激情是实现工作结果最有效的工作方式。只有那些对自己的愿望有真正激情的人，才有可能把自己的愿望变成美好的结果。有了激情，没有什么困难不能克服，没有什么险阻不能战胜，激情能把复杂的工作变得简单！

在我们的工作中，没有人愿意跟一个整天提不起精神的人打交道，没有哪一个老板愿意雇用和提拔一个精神萎靡不振的员工。

联想的招聘负责人曾对记者说："从人力资源的角度讲，我们愿意招的联想人首先是一个非常有激情的人：对公司有激情，对技术有激情，对工作有激情。可能在一个具体的工作岗位上你也许觉得奇怪，怎么会招这么一个人，他在这个行业涉猎不深，但是他有激情，和他交谈完以后，你会受到感染，愿意给他一个机会。"

刚刚进入公司时，许多员工自觉工作经验缺乏，为了弥补不足，常常早来晚归，斗志昂扬，就算是忙得没时间吃饭，依然很开心，因为工作有挑战性，感受也是全新的。

这种工作时激情四射的状态，几乎在每个员工开始工作时都经历过。可是，这份激情并不能保持长久，因为它仅仅来自于对工作的新感受。伴随着工作中不可预见的问题的出现，工作已驾轻就熟，激情也往往随之湮灭，一切开始平平淡淡，不知道自己的方向在哪里，也不清楚究竟怎样才能找回曾经让自己心跳的激情。在老板的眼里你也降了一个台阶。

培养工作激情，是每一个员工至关重要的事情。在工作当中，要想与别人竞争，就必须保持一股工作的激情。激情是发自于内心的兴奋，充满到整个人的精神世界。一个人即使能力不足，但若充满激情，通常会胜过能力很强的人。

刘丽从公关学校毕业之后，想找一份企业公关的工作。但她刚刚毕业，没有这方面的经验，面试了好几次都没有成功。但她依然充满着激情。

当她又一次去面试时，她开始用语言鼓励自己，在心里一遍一遍地对自己的能力做出肯定，她认为自己能做好这项工作，经理会把她视为不可缺少的人。

在去面试的途中，她一直在鼓励自己，她充满信心地走进办公室，热忱地回答了问题，于是她得到了这份工作。

几个月以后，她和经理已经很熟悉了，这时经理告诉她，当他看到她的申请表上写着没有任何经验的时候，他已经决定不用她，面试只不过是一次礼貌性的谈话而已，但是她的热忱使他觉得应该试用她看看再说。这个女孩把激情带进了工作中，成了一位很好的企业公关。

刘强是一家代理公司的业务员，在工作中，他总是充满了无比的激情，他与许多脾气暴躁难缠的顾客建立了生意往来。有一次，他在与一位供货商谈业务时，遇到很大的困难。因为这位供货商脾气很古怪，粗鲁无礼，经常大发脾气。刘强和他见了两次面，这位供货商总是拒绝听他的解说。但是刘强仍不放弃，他决定再去找供货商谈一次。

当他来到供货商的办公室的时候，这位供货商正在向一个推销员大声吼叫，脸涨得通红，那个推销员手足无措。刘强没有被这种情形所吓倒，在那个推销员离开之后，刘强微笑着看着那位供货商，以平静的声音和态度把自己的来意说了一遍。这位供货商坐在他的办公椅上半天没说话，然后告诉刘强，让他在这儿等上一个小时。一个小时后，供货商回来了，刘强告诉他，自己有个很好的计划要告诉他，在没有告诉他之前，自己是不会走的。

结果，刘强和供货商签订了一年的合约，而且以后他们可能有更多的合作。

一个充满激情的员工，都会认为自己的工作是一项神圣的天职，并怀着极大的兴趣把工作干得有声有色，不论工作有多么困难，自己将接受多么严重的考验，他始终都会一如既往、永不放弃，具有这种态度的人，一定会取得成功，一定会达到目标。

而没有激情的员工，就会变得十分教条，对工作冷漠处之，当然就不会有什么发现创造，潜在的能力也无所发挥，总是垂头丧气，别人自然就会对他丧失信心，他也会成为这个工作里可有可无的员工，他也就等于取消了自己继续从事这份工作的资格。

激情的力量真的很大！当这股力量被释放出来，支持明确目标，并不断用信心补充它的能量时，它会形成一股不可抗拒的力量，并足以克服一切困难。

"伟大的创造，"博伊尔说，"离开了激情是无法做出的。离开了激情，任何人都算不了什么；而有了激情，任何人都不可以小觑。"

最出色的工作结果总是由头脑聪明并具有工作激情的员工完成的。在一家大公司里，那些吊儿郎当的老职员们嘲笑一位年轻的同事的工作激情。因为这个职位低下的年轻人做了许多自己职责范围以外的工作。然而不久他就被从所有的雇员中挑选出来，当上了部门经理，进入了公司的管理层，令那些嘲笑他的人瞠目结舌。

实现目标与其说是取决于男人的才能，不如说取决于男人的激情。现代社会正日益为那些具有真正的使命感和自信心的男人大开绿灯。无论出现什么困难，无论前途看起来是多么的暗淡，他们总是相信能够把心目中的理想变成现实。

激情，把男人的狠尽情展现。凭着激情，我们可以将任何消极表现和经验转变成积极表现和经验，把目标变成令人满意的结果。

没点冒险精神，
机会只会
与你擦肩而过

——●——

5

　　机遇是世界上最让人难以捉摸的东西，来时不会提醒你，去时也不会通知你。有的男人一生中都在等待改变命运的机遇，就像那个守株待兔的农夫一样，期盼着机会、好运能找上门来。但是，当机会迎面而来时，又不够狠，没有半点男人的风度，犹豫不决、患得患失，于是一个又一个的机会与他擦肩而过，留给他的只有无尽的自责和惆怅。

机遇来临，
需果断出手

在成功之路上奔跑的人，假如能在机遇来临之前就能识别它，在它消逝之前就果断出狠手，采取行动占有它，将它抓获，这样才能更有效地影响命运、改变命运。反之，机遇就会转瞬即逝，或者是日久生变。这样必将导致幸运之神远离你。机遇是一位神奇的、充满灵性的，但性格怪僻的天使。它对每一个人都是公平的，但绝不会无缘无故地降临。每个希望通过坐等来获得成功的男人，等待他的只能是机遇与他擦肩而过。

曾有一个人一天晚上碰到一个神仙，这个神仙告诉他说，有大事要发生在他身上，他会有机会得到很大的财富，在社会上获得卓越的地位、并且娶到一个漂亮的妻子。

这个人终其一生都在等待这个奇异的承诺，可是什么事也没发生。这个人穷困地度过了他的一生，最后孤独地老死了。当他上西天，他又看见了那个神仙，他对神仙说："你说过要给我财富、很高的社会地位和漂亮的妻子，我等了一辈子，却什么也没有。"

神仙回答他："我没说过那种话。我只承诺过要给你机会得到财富、一个受人尊重的社会地位和一个漂亮的妻子，可是你让这些从你身边溜走了。"

这个人迷惑了，他说："我不明白你的意思。"神仙回答道："你记得你曾经有一次想到一个好点子，可是你没有行动，因为你怕失败而不敢去尝试。"这个人点点头。

神仙继续说："因为你没有去行动，这个点子几年以后给了另外一个人，那个人一点也不害怕地去做了，你可能记得那个人，他就是后来变成全国最有钱的那个人。

还有，你应该还记得，有一次发生了大地震，城里大半的房子都毁了，好几千人被困在倒塌的房子里，你有机会去帮忙拯救那些存活的人，可是你怕小偷会趁你不在家时，到你家里去打劫、偷东西，你以这作为借口，故意忽视那些需要你帮助的人，而只是守着自己的房子。"这个人不好意思地点点头。

神仙说："那是你去拯救几百个人的好机会，而那个机会可以使你在城里得到多大的尊崇和荣耀啊！"

"还有，"神仙继续说"你记不记得有一个头发乌黑的漂亮女子，你曾经十分强烈地被她吸引，你从来不曾这么喜欢过一个女子，之后也没有再碰到过像她这么好的女子。可是你想她不可能会喜欢你，更不可能会答应跟你结婚，你因为害怕被拒绝，就让她从你身旁溜走了。"这个人又点点头，可是这次他流下了眼泪。神仙说："我的朋友啊，就是她！她本来该是你的妻子，你们会有好几个漂亮的孩子，而且跟她在一起，你的人生将会有许许多多的快乐。"

不愿行动就等于放弃了成功的机会，一个成功者，应该具有当机立断的能力，要自己把事情审查清楚，计划周密，就不再怀疑，立刻勇敢果断地行事。这样往往能够随心所欲，大获成功。

许多男人不能成功，只因为他们总在起点上耽搁。到底该怎么做才能立即行动呢？首先，我们要知道，早起的鸟儿有虫吃。人生是短暂的，要做就得立即做。早一点动手，就早一点起步，早一点向成功迈进。

《致富时代》杂志上，曾刊登过这样一个故事。

有一个自称"只要能赚钱的生意都做"的年轻人，在一次偶然的机会，听人说市民缺乏便宜的塑料袋盛垃圾。他立即就进行了市场调查，通过认真预测，认为有利可图，马上着手行动，很快把价廉物美的塑料袋推向市场。结果，靠那条别人看来一文不值的"垃圾袋"的信息，两星期内，这位小伙子就赚了4万块。

只要有好的想法，哪怕它看起来很荒谬，都应该立即付诸实践。说不定奇迹就等在你的前面！让我们记住《福布斯》杂志的创立者福布斯的名言吧："做正确的事情，把事情做好，立即做！"

　　只有那些懂得如何利用"每一天"的男人，才会在每一天都创造成功事业的奠基石，孕育明天的希望。男人要学会的不是去设想还有明天，而是要将今天抓在手掌里，将现在作为行动的起点。这样做的时候，你就真正有了明天。

创造机遇而非一味等待机遇

机遇不是平均分配给每个人，而是要靠各人去寻找的，所以作为一个男人，千万不要指望机遇会主动降临，否则你一定会遭到现实的嘲笑。

一个年轻人靠在一块草地上，懒洋洋地晒着太阳。

这时，从远处走来一个奇怪的东西，它周身散发着五颜六色的光，六条腿像船桨一样向前划着，使它的行走十分快捷。

"喂！你在做什么？"那怪物问。

"我在这儿等待机遇。"年轻人回答。

"等待机遇？哈哈！机遇什么样，你知道吗？"怪物问。

"不知道。不过，听说机遇是个很神奇的东西，它只要来到你身边，那么，你就会走运，或者当上了官，或者发了财，或者娶个漂亮老婆，或者……反正，美极了。"

"你连机遇什么样都不知道，还等什么机遇？还是跟着我走吧，让我带着你去做几件对你有益的事吧！"那怪物说着就要来拉他。

"去去去！少来添乱，我才不跟你走呢！"年轻人不耐烦地撵那怪物。

那怪物只好一个人离去了。

这时，一位长髯老人来到年轻人面前问道："你为什么不抓住它啊？"

"抓住它？它是什么东西？"年轻人问。

"它就是机遇呀！"

"天哪！我把它放走了。不，是我把它撵走了！"年轻人后悔不迭，急忙站起身呼喊机遇，希望它能返回来。

"别喊了，"长髯老人说，"我告诉你关于机遇的秘密吧。它是一个不可捉摸的家伙。你专心等它时，它可能迟迟不来，你不留心时，它可能就来到你面前；见不着它时，你时时想它，见着了它时，你又认不出它；如果当它从你面前走过时你抓不住它，那么它将永不回头，使你永远错过了它！"

"我这一辈子不就失去机遇了吗？"年轻人哭着说。

"那也未必，"长髯老人说，"让我再告诉你另一个关于机遇的秘密，其实，属于你的机遇不止一个。"

"不止一个？"年轻人惊奇地问。

"对。这一个失去了，下一个还可以出现。不过，这些机遇，很多不是自然走来的，而是人创造的。"

年轻人甚是不解。

"刚才的一个机遇，就是我为你创造的一个，可惜你把它放跑了。"老人说。

"太好了，那么，请您再为我创造一些机遇吧！"年轻人说。

"不。以后的机遇，只有靠你自己创造了。"

"可惜，我不会创造机遇呀。"

"现在，我教你。首先，站起来，永远不要等。然后，放开大步朝前走，见到你能够做的有益的事，就去做。那时，你就学会了创造机遇。"

在我们的周围，有很多这样的男人：他们特别迷信所谓"运气"。把自己的不成功、不如意统统归结为"运气"不好。他们要么怨天尤人，抱怨一切，要么就什么都不做只是等待机遇的降临。其实，机遇是不会从天而降的，他们等待的结果只能是一场空。成功者从来不会迷信于运气，也不认为自己比别人运气好，他们只是相信只要努力去做，总会有机遇。在成功者的字典里，是不存在"运气"这个词的。爱默生说："只有肤浅的人才相信运气。坚强的人相信凡事有果必有因，一切事物皆有规则。"要想有收获，就先要努力去做，这比坐等好运从天而降可靠得多。

曾经担任英国航空部部长的比佛布鲁克认为努力才是最可靠的。他说："我常警告追求成功的人，不要依赖运气，没有任何想法比依赖运气更不切实际。这个世界依循因果关系在运作，运气可说是不存在的。有时你以为某人成功得很侥幸，但他为成功付出的代价岂是你能体会的？"

当某些人相信运气时，其实就是说他们相信自己所不能控制的因素。然而，如果有机会控制这些因素，一定有人会拒绝这种一切操之在我的感觉。其实，说自己运气不好的男人只不过是为自己的不做事或不努力做事找个借口罢了。

很多男人都有一种赌徒心理。而赌徒是运气的忠实信徒，他们必须靠手气决定输赢，这样的人生简直是场梦魇，生活对于他们来说是不会有什么机遇的，他们对前途永远茫然，永远无法掌握自己。

如果一个男人相信好的机遇会从天而降，那么他就会不断地拒绝各种机遇。因为那些机遇都不够好，他所要的是名利双收、高的职位，他不屑从基层起步。可以想像，不久，他就没有任何机会了。而他一生很可能就这样耗掉，一味依靠运气，使不少人丧失许多机会。真正想成功的人，不会坐等机遇的降临，他们会一边努力去做，一边抓住机会绝不放过任何让他成功的可能。他可能会因为经验不足、判断失误而犯错，但是只要肯去做，注意吸取教训，等他逐渐成熟后就会成功。

既要谨慎，
也要敢于冒险

"诸葛平生惟谨慎"，在我们的传统民族性格中，对谨慎是十分推崇的。

谨慎，确实是我们办好事情的前提条件。一个男人拥有了这个特质，确实能少走很多弯路。"如临深渊，如履薄冰"，有了这种小心谨慎的态度，跌的跤就肯定要少一些。但是，在复杂多变的现代社会，未来的形势常常不是很明朗，过于强调小心谨慎，以至于处处谨小慎微，就会吓得我们不敢行动，从而失去机遇和希望。因此，男人既要有谨慎的性格，也要具有敢于冒险的精神。

冒险，曾经是一个不怎么光彩的名词。头脑简单者，曾给这个词添上鲁莽的色彩；利欲熏心者，又曾给这个词添上投机的色彩。其实，冒险和成功常常是相伴的，尤其是现代，冒险精神更为竞争所必需。我国目前正处于大力发展商品经济的时代，而冒险就是商品经济社会的一种时代精神。与传统的自然经济不同，在商品经济下，人们面临的是一个千变万化的市场，而不是一个静止不变的乡村与家庭。对商品生产者来说，他的每一项决策，每一次行动，既有成功的希望，也有失败的可能。如果生产者不敢冒险，那他不仅失去了成功的希望，而且也免不了失败的结局。这是因为，商业社会是市场经济，其特性是竞争，竞争的结果就是非胜即败。从这个意义上说，风险是不可避免的。不敢冒险，其实也是一种消极冒险。在市场经济中不可能完全克服经济因素中的自发因素，生产经营中的风险就是客观存在的。因此，冒险精神仍然应该是我们的一种时代精神。

纵观历史，我们就会发现：一个民族的振兴，一个国家的繁荣，都与这个民族所具有的冒险精神分不开。冒险精神常常更能充分地体现出一个民族的创业精神。可以说，没有一大批冒险家从事美国西部地区的开发，就不会有今天的美国。同时，历史经验也表明：如果缩手缩脚，即使有比别人更新的思想，也只能错过机会，成为过时的东西。在中世纪的欧洲，不就有许多怀有新颖思想和见解的学者，因为缺少勇气，而被神学禁锢了创新成果吗？如果没有哥白尼、布鲁诺那样勇敢的科学家，荒诞的"地球中心说"不知要延续到何时。科学的巨大进步，社会的飞速发展，都需要有一大批敢于冒险者充当开拓者。我们国家当前正处于一个改革和开拓创新的时代，这就更加需要冒险精神。社会主义改革是前无古人的伟大事业，没有先例可循，全靠我们自己去摸索。没有一大批敢于冒险的开拓者，我们的改革事业就将难以前进。

对于个人发展来说，冒险则成为通向成功的必由之路。在很多情况下，强者之所以成为强者，就是因为他们敢为别人所不敢。孙悟空之所以被群猴尊为"美猴王"，就是因为他敢于第一个跳进群猴都不敢进的水帘洞，为群猴找到一个理想的栖身之所。诸葛亮敢于在大军压境之际，大摆空城之计，吓退司马懿，虽有计谋在胸，但若无几分冒险精神，也不敢为。当今社会涌现出来的许多改革家，所面临的不是连年亏损的企业，便是濒临破产的工厂，或者是穷得"叮当"响的山村。搞不好，非但国家财产付之东流，而且个人声誉也毁于一旦，没有冒险气概谁肯为之。沿着平安坦途走路的人，很少是创立大业的。平庸的人喜欢按部就班，安于无功无过。敢逾常规、敢冒风险的人，才有可能创造出瑰丽的业绩。

敢于冒险，就要坚决摒弃甘居平庸的心理。人生，应当如大海的波涛，既有高高的波峰，又有深深的波谷，在连绵不断的起伏跌宕中谱写激昂的人生之歌。没有风浪，平静如一潭死水的生活，又有多少荡人心魄的力量，有多少可以引起自豪的成分呢？对于强者来说，"无险不足以言勇"。因此，一个真正的强者，厌恶平淡无奇的生活，他们渴望冒险，希望在生活中掀起巨浪，喜欢充满传奇色彩的浪漫生活。从这个意义上说，敢不敢冒险，正是区别强者和弱者的标志之一。

要想冒险，就不要害怕失败。愈是称得上冒险的行为，失败的危险性就愈大。敢于冒险，就是敢冒失败的危险。成功和失败像一对孪生兄弟，如果只许成功降世，不许失败诞生，也就等于扼杀了成功。一位伟人曾经说过，如果什么事情都要保险绝对成功才可去做，那么创造历史也就太容易了，天下哪有此等容易的事？一个名企业家也说过："畏惧错误，就是毁灭进步。"

当然，这里说的冒险并不是像赌徒那样，完全把宝押在"运气"上。冒险不是靠碰运气，而是靠理智。倘若一点可能性也没有，就冒失轻率地干起来，这就不是冒险，而是盲动，有时简直近于自杀。冒险要建立在科学分析、理智思考和周密准备的基础之上。古人云："六十算以上为多算，六十算以下为少算。"因此，有60%以上的把握，就应当机立断，敢于大胆地去行动。男人不能不计风险地一味蛮干，但是也不能在有一定把握的时候举棋不定错失良机。

该出手时
就出手

没有任何事是注定的！只要你勇于向前迈步，不要等待他人的恩惠。机会是要自己创造的，好运不会等着你。男人要想成功就要知道：凡事要发挥自己的主观能动性，事事要靠自己的努力才是上策。

实际上，我们在遇到困难的时候，首先想到的不是寻找解决的办法，而是选择放弃。这就为我们自己设置了一个障碍，不要时时刻刻都想着别人给我们帮助。俗话说："自助者，天助之。"完全依赖他人的恩赐是不可能的，我们解决问题首先想到的应该是自助。

自然，人人都会遭受挫折。而面对这些挫折，千万不要"等、靠、要"，我们应该积极主动地改造自己，把握自己的命运，彻底打破不利的环境！

在通往成功的道路上，每一次机会都会轻轻地敲你的门。不要等待机会去为你开门，因为门栓在你自己这一面。机会也不会跑过来说"你好"，它只是告诉你"站起来，向前走"。知难而退，优柔寡断，缺乏一往无前的勇气，这便是人生最大的难题。

要善于发现机会，也要善于把握机会。没有一种机会可以让你看到未来的成败，人生的妙处也在于此。不通过拼搏得到的成功就像一开始就知道真正凶手的悬案电影般索然无味。选择一个机会，不可否认有失败的可能。将机会和自己的能力对比，合适的紧紧抓住，不合适的学会放弃。

用明智的态度对待机会，也使用明智的态度对待人生。不要为自己的失败找借口了，诸如别人有关系、有钱，当然会成功；别人成功是因为抓住了机遇，而我没有机遇等。这些都是你维持现状的理由，其实根本原因是你自身没有什么目标，没有勇气，你是胆小鬼，你根本不敢迈出成功的第一步，你只知道成功不会属于你。

在我们周围，常常会发现这样一些人，他们很有才智，而且十分勤奋，但是很少看见他们有出色的成绩。他们迟迟不能有出色成绩的原因，很大程度上就是因为他们总是只想不做。他们的心里总是不断地出现各种主意，但是他们从来不把这些想法落实到实处，然而空想是想不出结果的，只有动手去做，才能把握先机。只有这样，你才可能取得成功。等待是等不出结果的。

有些人不是没有成功立业的机遇，只因不善抓机遇，因此最终错失机遇。他们面对机会，总是患得患失，摇摆不定，不敢下定行动的决心，他们做人好像永远不能自主，非有人在旁扶持不可，即使遇到任何一点小事，也得东奔西走地去和亲友邻人商量，同时脑子里更是胡思乱想，弄得自己一刻不宁。于是愈商量、愈打不定主意，愈东猜西想、愈是糊涂，就愈弄得毫无结果，不知所终。

没有判断力的人，往往使一件事情无法开场，即使开了场，也无法进行。他们的一生，大半都消耗在没有主见的怀疑之中，即使给这种人成功的机遇，他们也永远不会达到成功的目的。机会稍纵即逝，拖延只会让机会白白丧失。

克服犹豫不决的方法是，先"排演"一场你必须要面对的复杂战斗。假如手上有棘手活而自己又犹豫不决，不妨挑件更难的事先做。生活挑战你的事情，你定可以用来挑战自己。这样，你就可以自己开辟一条成功之路。成功的真谛是：对自己越苛刻，生活对你越宽容；对自己越宽容，生活对你越苛刻。

想法能否成功被实现，在很大程度上还取决于有没有养成迅速行动的习惯。当你有了良好的行动习惯时，你就会自动冲破一切阻力，进入良性的行动循环中，加速走向成功。只要你认准了路，确立好人生的目标，就永不回头，"该出手时就出手"，向着目标，心无旁骛地前进，相信你一定会到达成功的彼岸。

生命是最具张力和韧性的个体，一个男人只要心中的激情不减，只要勇敢向前走，不轻易放弃自己的努力和追求，那么他就一定会有被机会垂青的那一天。因为梦想恰如源泉，在他的浇灌之下，生命的花朵一定会越开越艳。

别让这些原因使你错过良机

　　许多男人想不通：有些人总是能够抓住机遇，而有些人却总是不能。同样是人，差距咋就那么大呢？原因其实很简单。

　　第一，懒汉不会有机遇。

　　懒汉实际上是把生命当成一种负担来应付，他们对于任何事物都缺乏兴趣，这样的人即使机遇走上门来也会被他们关在门外的。

　　热衷于等待的人总是把希望寄托在明天，等明天吧！明天也许会更好，而明日复明日，明日何其多？从黑发少年等到白胡子老人，最后等来的只能是南柯一梦。把等待作为应付生命的手段，其本质就是懒惰。看见一只兔子偶然撞死在树桩，于是就放弃了劳作，以为整天守在那里机遇就可以降临了，这种守株待兔的心态是懒汉们的共性。

　　第二，不懂交际的男人没有机遇。

　　获得机遇需要勤奋，但是仅仅勤奋还是不够的，还必须有很强的交际能力。俗话说：好马出在腿上，光棍出在嘴上。一个木讷不善于交际的人，就可能会失去很多机遇。如果我们仔细观察就会发现：那些成功的人士大多数都是善于交际的人。在现在这个竞争激烈的社会中，尤其需要多方面展示自己的才能，表现自己的能力，开拓更广泛的社会范围。如果一个人不善于推销自己，缺少朋友，自己的生活圈子就会越来越狭窄，信息也很闭塞，那么势必要失掉许多适合于自己发展的机遇。

　　一个技术工人由于工厂经营不善下岗待业，于是整天待在家里怨天尤人生闷气，闹得家里鸡犬不宁，在窝里横的人却不敢走出去，到社会上去闯荡。

　　另一个工人正好跟他相反，下岗之后整天在外面转悠，广交朋友探路子，很快就在朋友的帮助下找到几份兼职工作，收入比过去翻了几番。

第三，害怕失败的男人没有机遇。

畏惧失败和缺少自信心是相伴而生的。畏惧失败的人本身就是缺少自信，没有自信自然也就害怕失败。

俗话说，失败是成功之母。其实失败是人生不可避免的考验，任何人都不可能没有经历过失败。要想取得成功，就必须勇于面对失败，如果畏惧失败，就难以越过失败这道屏障去取得成功。

在体育项目中有一项是障碍跑，在途中，要越过独木桥，翻越沟壑，还要爬过高墙。对于参与者而言，每一道障碍都潜在着危险，存在着失败的可能。但是，不越过这些障碍就永远不能抵达胜利的终点。

在人生的道路上也是一样，机遇也许就在障碍的那一端，如果我们缩手缩脚不敢前进，就永远不能同机遇见上一面。

第四，喜欢空想的男人没有机遇。

一个年轻人去公司应聘，公司负责人告诉他只招聘助理，月薪三千。年轻人不屑一顾："我很早就开始打工了，我的前一份工作是在一个网站任总编，月薪一万！你说，我能干你这月薪三千块钱的工作吗？"

一个老板曾经说过这样的话："如果你想要毁掉一个人，你就给他高薪，高得让他自己都摸不着北，然后你再以小河难养大鱼为借口，委婉地劝他另寻高就。他一旦离开你的公司，这个人就什么也干不了了。"

不切实际的空想家即使面对许多发展的机遇，也会被他眼高手低的标准衡量掉的。

第五，过分追求完美的男人没有机遇。

俗话说：金无足赤，人无完人。什么事情都不可能做得那么完美，如果真的达到完美的地步，那么离毁灭也就不远了。列宁曾说过，真理往前再走一小步就是谬误。凡事都要求尽善尽美者，结果往往因为在最后一点的差异上而前功尽弃。

有这么一个例子：一个野营的孩子要把一块木板钉到树上当搁板，完美主义者过来帮忙了："你应该先把木板锯好再钉上去。"于是完美主义者四处去找锯子，找来锯子锯了两下他又撂下了，说是锯子不快，他又去找锉刀，找来锉刀又需要安上手柄。他去砍树做手柄又发现斧子不快，为了磨斧子，他又琢磨要做一个木匠用的长凳。如此三番五次强求尽善尽美，原来很简单的事情——随便找一个东西能把木板钉到树上就完成了，可是完美主义者却屡费周折，非但当天没有把木板钉到树上，几个星期以后他居然追本溯源跑到城里购买成批器械去了。

完美主义者苛求完美，但殊不知，他的所作所为，只会使自己离目标越来越远。对于唾手可得的机遇，也会被他挑剔地扔掉。

第六，漫无目的的男人没有机遇。

一个孩子和他的父亲在雪地里比赛谁走得路线最直，于是孩子把自己的一只脚对准另一只脚尖，谨小慎微地往前走，他费了好大劲走了半天，还是不直。可是他的父亲却是大步流星地直奔一棵大树走去，结果可想而知，父亲的足迹是一条既简洁又笔直的路线。漫无目的的人，即使再修饰自己的足迹，终究是徘徊在一个小圈子里无所作为，只有直奔目标的人才能够把握住机遇，走向辉煌的前程。

我们都曾有过这样的体会：在临近考试的时候，我们的精力似乎特别旺盛，我们的记忆力也好得出奇，在短短的时间内我们就可以记住很多单词，掌握很多内容。可是在平时，无论怎么努力，学到的知识总是不理想。这就是有目标和没有目标的区别。当我们面临考试时，考试成了我们唯一的目标，此时的大脑可以调动全身心的能量来为考试而努力，所以这个时候的学习效果非常好。

第七，见异思迁的男人没有机遇。

人有一个最大的弱点，总是容易被外界环境所影响，被一些诱惑所左右。本来一个人练习书法很投入，可是看见朋友们在学画画，于是放弃了自己正在做的事情，盲目追逐别人的喜好去了。

广告效应其实正是利用了人们的这一弱点，对人们展示了诸多的诱惑，结果人们往往就被广告所左右。就拿饮料来说，其实自己喝的茶水就是最好的饮料，可是一听商家宣传这种饮料的营养，那种饮料的药用，久而久之耐不住诱惑，于是扔掉了茶杯，拿起了饮料。喝来喝去又听专家断言：那些饮料还不如白开水干净。于是后悔不已。后来洋人说中国的茶是最好的饮料，才又觉得自家的茶是个宝贝。转了一圈，白白扔了许多钱财，糟践了身体，最后还得拾起自己扔掉的茶罐子。

见异思迁者即使在机遇来临之时，也首鼠两端，干什么才好呢？犹豫当中，机遇就弃他而去了。

第八，粗心大意的男人没有机遇。

我们常常会看到这种现象：

有的人一关门就后悔不已。原来自己的钥匙忘在屋里了。

一个人急匆匆赶到火车站，可是一到检票时，才发现忘了拿车票。

火车启动了，有的旅客才发现自己上错了车，这时再怎么着急也无可挽回了。

考场外一个考生蹲在那里哭，大家关切地过去询问，才知道他忘了带准考证。

诸如此类的马虎大意者可以说在生活中比比皆是，钥匙锁在屋里破费点时间和钱财，找人打开就是了；乘错了火车，大不了耽误一天半天也能挽回；可是准考证不带去，这一延误可是一年啊，或许就是一辈子的遗憾。

男人处世要深谋远虑，做事要胆大心细，这样才能稳稳地把握住机遇，否则眉毛胡子一把抓，懵懂乱撞，非但机遇不来光顾，祸殃却可能悄然降临。

［ 唯一创造良机
的是你自己 ］

"没有机会"是不懂追求美好生活方法的男人的推诿之词。许多名人能活得比一般人潇洒，是因为他们首先明白自己的光明生活在不同于眼前的环境中才能实现，他们懂得用自己的能力去创造机会。

男人，你可曾想过幸福而活跃的人生是如何得来的吗？

要是你只在等待机会，等人提拔，待人帮助，你一生将永远不会比别人活得更好。

当亚历山大获得胜利以后，有人问他："你是不是等待着一种机会去进攻的呢？"

他听了大怒，说："机会是要人自己去创造的。"

创造机会，因此使亚历山大成就了他的事业。只有能改换环境、创造机会的人，才能达到他的期望，实现他的人生意义。

也许有人以为机会是事业的钥匙，获得了钥匙，于是事业便会一帆风顺。但是，事实并不是这样。不论做什么事，即使有了机会，还是要用你的才能去努力，要用你的精神去苦干。你的才能潜伏在你的体内，你必须自己把它们表现出来。

等待机会，是一种极笨拙的行为。你不要以为机会像是一个到你家里来的客人，他在你的家门口敲门，等待你开门把他迎接进来。恰好相反，机会是一种不可捉摸的东西，无影无形、无声无息，它有时潜伏在你努力的工作中，有时徘徊在无人注意的地方。假如你不用正确的方法去寻求，也许你永远不会遇着它。

"你应以主导性的行动去面对即将在你身边短暂停留的机会，"卡耐基如是说，"机会来到你身边，只有你请他，他才可能为你停留，并在你的人生中升值。"

在我们做人的方面，"自主的"行动是非常重要的。

即使事情的发展不如预期，如果其他主观的条件不变的话，那只有一个原因，就是你没有去创造本属于自己的良机。

男人一定要记住，唯一能创造良机的，只有你自己。有了这种认识，才能由被动的寻找变成主动的创造，由被动的接受变成主动的拥有。依赖别人及推卸责任是庸俗和无知的表现。什么都不去做，只想依靠别人，局势将根本没有改变的希望。人生的一切变化，都是缘于自己的创造。

19世纪末，密西根底特律电灯公司以月薪11美元雇用了一名年轻的技工。他每天工作10小时，还常常花费半个晚上在屋后一间旧棚子里工作，想要设计出一种新的引擎。

他的父亲是个农夫，确信他的儿子正在浪费自己的时间。邻居们都说，这位年轻技工是个大笨牛。每个人都在取笑他，没有人认为他能够造出什么东西来。

除了他的太太，没有人相信他了。当白天的工作做完之后，他的太太就在小棚子里帮助他研究。冬天，天色很早就暗了，他太太提着煤油灯，使他能够工作。他太太的牙齿在寒冷中颤抖着，手冻成了紫色。但是她相信他的引擎有一天会设计成功。

在旧砖棚里艰苦工作3年之后，这个异想天开的稀奇玩意儿终于成功了。1893年，在这个年轻人30岁生日的前几天，他的邻居们都被一连串奇怪的声音吓了一大跳。他们跑到窗口，看到那个大怪人——亨利•福特——和他的太太，正乘坐着一辆没有马的"马车"，在路上摇晃着前进。那辆车子真的可以跑到转角那么远而又跑回来呢！

一个新工业在那天晚上诞生了——一个将会对这个世界有很深影响的工业。如果说亨利•福特是新工业之父，当然福特夫人这位"信徒"，就有权利被叫做新工业之母了。

福特夫妇在旧棚中，以一种积极的信念支撑着完成了一个伟大的壮举。

他正确的为人处世方法促成了自己事业的辉煌，不仅使自己有了机会成为历史上的名人，同时人生的价值也跃升到一个更高层面上，并为国家经济的变革创造了机会。

没有机会而自己又不去努力创造，或有了机会不能把握住，都会丧失对人生的主动权。而主动与被动是有天渊之别的。被动就像被命运随意摆布，可以说是一种最为失败的做人方法。而主动则洋溢着昂然的斗志，是一种能产生极大力量的自信力。

主动，是对于自我的肯定与超越，是健康的心理人格、明确的价值观念和积极的自我意识的集中体现。一个男人拥有主动权，就等于是拥有了自己生活的一半。

世界大富豪之一的郑周永在20世纪60年代初，便开始率领他的"现代建设"试探性地涉足海外了。1963年他曾经派他的三弟郑世永前往越南、泰国等地活动，但是由于缺乏国际竞争经验，在几次投标中，都因为报价太高而相继落马。于是郑周永决定亲自出马。

1965年郑周永亲自来到泰国，几经较量，终于打开了泰国、越南的建筑市场。但是由于国外施工条件艰苦，质量要求苛刻，再加上后勤工作不能得到及时保障，他的建筑项目遇到了难以克服的困难。过了10年，"现代建设"虽然打开了一点海外市场，但付出的代价也是惨重的。在总数达60多亿美元的项目中几乎每一个都出现赤字，最终的亏损有好几亿美元。

但是郑周永并没有泄气，他有种自信。他相信这些损失只不过是"现代建设"打开海外市场所交的一点"学费"，如果就此停步不前，损失将会更大。只有鼓足勇气，向前迈进，才能有更大的成功。

20世纪70年代初期，郑周永又决定向中东进军，当时"现代建设"内部决策人物间为此发生了矛盾。郑周永的二弟郑仁永认为应该遵循稳扎稳打、循序渐进的发展战略，他并不主张"现代建设"向中东发展。因为十几年来，"现代建设"在海外的工作大多都是白费，况且中东的自然条件非常复杂，对于不熟悉的人来说存在着种种料想不到的困难。

但是郑周永下定了决心一定要啃中东这块硬骨头，他自信只要敢于冒险，就一定能掌握海外市场的主动权。

1976年2月，郑周永飞抵巴林，亲自指挥参与了一场沙特阿拉伯"朱拜勒产业港工程"的夺标战。由于此工程规模浩大，造价昂贵，引得世界上许多建筑商前来投标。经过严格筛选，有9家公司入选投标，"现代建设"也是其中的一个。

"现代建设"比起其他几家著名的建筑公司来说，只能算是一位小弟弟，并没有雄厚的资本与他们竞争。所以要想夺标，"现代建设"就只有在报价上下工夫了，报得过高，显然就没有竞争能力，而报得过低，又可能亏损，郑周永紧张地思索着。

这场投标的成功与否对于郑周永来说意义实在太大了。首先，如果投标成功，就证明他在世界强手之前已经成为胜利者，这对于"现代建设"今后在中东乃至在整个世界的发展有着巨大的意义。其次，即使工程出现亏损，也等于是交了一次学费，为了今后的发展，这笔学费交了也是值得的。

他怀着这种必胜的信心和决心，毅然将报价定到最低点——9.3114亿美元。而据他所知，其他公司的报价最低也在10亿美元之上。

这同时也是非常冒险的，因为9.3114亿美元也许刚好只够工程的费用，"现代建设"想要盈利是不太可能的，甚至还有可能出现亏损。但是郑周永并没有退却和害怕，在投标会上，他充满自信地写下9.3114亿美元的价码。果然，他以最低价夺标，而这项工程就落到了"现代建设"的身上，为公司的进军中东踏出了第一步。

郑周永依靠着自信和勇敢，把竞争和其后事业发展的主动权牢牢掌握在自己手中。很显然，在更广阔更不安的环境里，以后的挑战会更多，但这不会难倒郑周永，更不会吓倒他，因为他手中有一张制胜的王牌：主动权。

对于一个男人来说，做事成功与做人方法对路的关系非常密切。只有懂得换一种环境、换一种人生的人，才能真正掌握自己生活及事业之船的航向。

稳中求险
才能化险为稳

李某常常和朋友感叹："我这一辈子，要不是胆太小，早就出息了！"说来也真是可惜，上世纪90年代初，李某30来岁，正处在人生的黄金岁月。李某的一个老同学雄心勃勃地来找李某和他一起去深圳"淘金"。去不去呢？李某考虑再三，最终拒绝了老同学的提议：自己的工作虽然枯燥乏味，但毕竟是铁饭碗呀！凡事还是求稳比较好。老同学却果断地辞了职，潇潇洒洒地直奔特区，听说现在已经是一个身价千万的大老板了。令李某痛悔的事还不只这一件：8年前，李某所在的钢铁集团准备改组上市，并允许职工优先认股，每股作价38元。按规定李某可以认购500股，然而李某凡事求稳的习惯使他又把这个机会放过了，他认为股票一跌就会变成废纸，还是别拿钱冒险的好，于是他把自己的认股权以1000元的价格卖给了同事。没想到，公司一上市，股价节节高升，一个月之内，股价竟然涨了10倍，看着同事们一个个喜气洋洋，李某后悔得大病了一场。像这样的事儿还有不少，所以李某有句口头禅就是："我这一辈子，就毁在胆儿太小上了！"

凡事求稳，使李某错失了一次次良机，只能一辈子生活在悔恨里。其实每个男人都应该有敢于冒险、马上行动的胆略，如果太过于求稳的话，那就会一事无成。

汉明帝时，班超奉命带36人去西域鄯善国，谋求建立友好邦交关系。

刚到该国，鄯善国王对汉朝使团十分恭敬殷勤，但几天后，态度突然变了，且变得越来越冷漠。班超警觉起来，派人打听，原来是匈奴的一个130多人的使团正在暗中加紧活动，向鄯善国王施压，欲把鄯善国拉向北方。

形势十分严峻，班超对大家说：

"现在匈奴使团才来几天，鄯善国就对我们逐渐疏远了，倘若再过几天，匈奴把他彻底拉过去，说不定会把我们抓起来送给匈奴讨好。到那时，我们不但完不成使命，恐怕连性命都难保！怎么办？"

"生死关头，一切全听您的。"随从们态度坚定，但也表示出担心，"我们毕竟只有36人，我们能怎么办呢？"

班超斩钉截铁地说：

"不入虎穴，焉得虎子。今天夜里就行动，以迅雷不及掩耳之势，一举消灭匈奴使团！唯有如此，才有可能使鄯善国王诚心归顺我们汉朝。"

当天深夜，班超带领36个人，借着夜色掩护，悄悄摸到匈奴人驻地，对130多人的匈奴使团、几倍于自己的敌人，毅然发动了袭击，并一举歼灭了他们。

第二天早晨，班超捧着匈奴使者的头去见鄯善国王，国王大惊失色。

匈奴使者被杀，鄯善国王已经不可能再和匈奴人和好，于是只好同意和汉朝永久友好。

该出手时就出手，不要被险境唬住，战胜"恶魔"首先要战胜自己！

很多时候，看似最危险之处，也许就是最安全之处；看似最强大之处，也许偏偏是最薄弱之处。如果总是求稳的话，你就会错过机会，冒点风险去行动，却可能产生不一样的结局。

第二次世界大战期间，纳粹德国给世界各国人民带来了巨大的灾难。但在战争期间，其将领们也给战争史留下许多经典战例。

1942年2月12日下午，英国海军和空军重兵布防的英吉利海峡上空，一架英国战斗机正在例行巡逻。突然，飞行员发现有一队德国舰队大摇大摆地从远处开了过来，他立即将这一发现向司令部报告。英国司令部的军官们大惑不解：德国舰队怎么可能在大白天从英吉利海峡通过，是不是飞行员搞错了？英国人忙于思考和争论，却没顾及到时间正在一分分溜走。直到过了近一个小时，又一架英军侦察机发现德舰已经闯入海峡最窄也是最危险的地段了，并且正在全速行驶。英军指挥官们这才意识到敌情的严重性，等他们判定真相，调集部队，下令进攻时，德国舰队已经远离了最危险的地段，给其致命打击的机会已经丧失。整个下午，英军虽然不断出动飞机、驱逐舰对德国舰队进行拦截，但由于仓促上阵，反而被严阵以待的德军予以沉重打击。就这样，德国人在英国人的眼皮底下，将驻泊在法国布雷斯特港内的舰队顺利地移至挪威海面，增强了那里的战斗力。

原来，这一切都是德军为了完成这次战略转移精心策划的大胆行动。因为从法国到挪威有两条路线可走，一条是向西绕过英伦诸岛北上，这条航线路途遥远，费时费力，如果遭遇兵力占绝对优势的英国军队，后果不堪设想；另一条航线则是直穿英吉利海峡，但此处有英海空军的重兵布防，同样是危机四伏。最后，德军指挥官经过反复权衡后，决定在英国根本没有想到的情况下，在夜间出发，白天通过英吉利海峡最危险的多佛和加莱之间的地段。这一大胆冒险的行动果然成功，庞大的德国舰队在飞机的掩护下，在英国人认为绝不可能的时候出现，在英军来不及判断和阻挠的情况下，明目张胆地闯过英吉利海峡，给英国人上了一堂生动的战争教学课。

无论在事业或生活的任何方面，每个男人可能都需要适当地冒点险。当然，在冒险之前，我们必须清楚地认识那是一种什么样的冒险，必须认真地权衡得失，比如德军指挥官就是在反复权衡之后，才制订出冒险计划的，结果他们获得了成功。需要注意的是，冒险不是盲目草率的行为，不是瞎闯、蛮干，不是随心所欲，而是有目标、有计划的果断行动。

如果你总是抱着凡事求稳的想法不放，那么你的日子就会像一潭死水，永远无法激起波澜，你因此永远无法获得成功。所以，必要的时候，还是要冒一点险。男人应该知道：该出手的时候不出手，成功的机会就从你身边溜走了。

不经失败
又怎能走向成功

在这个世界上，确实有不少男人活得谨小慎微，胆小懦弱。他们不敢去尝试新的东西，不敢去做别人不曾做过的事情，因为他们怕自己犯错误，他们没有勇气去面对失败。这是很可悲的事情。"失败是成功之母"，不经失败的磨炼，又怎能走向成功呢？

有位伟人说过：如果一个人没有犯过错误，那么他一定什么事情也没有做过。什么都不做的人，表面看起来似乎很安全，可以避免失败。但是，这样的人一辈子都是庸人，他们的人生毫无价值可言，就像白开水一样平淡乏味，而主宰这个世界的是那些敢做敢当，敢于面对失败的人，世界是永远属于他们的。

台湾著名作家吴淡如曾把写作当做生命中的唯一，她因为过分专注于写作，劳累过度，把自己的身体弄糟了，患上了颈椎病，经常感觉腰背疼痛。

有一天，在疼痛得受不了时，她突然领悟到，如果自己只重写作，轻视真正的生活，无疑是一个在服食迷药以脱离真实生活的家伙，自己所拥有的人生都将成为一株枝叶繁茂的假树。于是她开始一边做康复治疗，一边为自己找新鲜事做。

她在一篇文章里是这样描述自己的探索之路的：

1996年，我莫名其妙地主持起电视节目；1997年，我成为广播主持人；1998年，我开始学陶艺；千禧年，我发现海底世界的美丽；2001年我给自己的新成绩单，第一项，应该就是演舞台剧了。

这可从不在我的少年梦想之内。我从来没有表演的欲望或天才。三年前，我上过绿光剧团的表演班，只不过想去玩玩，看看能不能去除我在电视荧幕前的羞涩感。天知道，我其实是个内向的人，我习于独处，却要花许多时间，才能在大众面前去除我的不自在。

上完三个月一期的表演班，发现自己也还可以跟原本陌生的一大群人彼此混得很开心。学会怎么样用丹田之气说话才不致嗓子哑掉，是我最大的收获。没想到过了三年，我的表演班老师刘长灏当了剧团经理，忽然打了电话给我："喂，吴念真导演要为我们导新剧，来演一个角色好吗？"

我当下说："好啊，一句话，没问题，我们再聊。"

第一次参加排戏时，离演出不到两个月，我才知道自己的角色是演一个精神不太正常的欧巴桑。"这，简直太为难我了。"

然而一开始就退出实在有失面子，那就排戏试试看，如果觉得无法胜任，再找个理由推掉吧。我这么盘算。

果然，一开始排戏心里头那只叫做"闭塞内向"的虫子又钻出来肆虐了。眼看着别的演员都十分放得开，排什么就像什么，我怎样都像木头人，简直受不了自己的拙笨。

挣扎了好久，我沮丧地安慰自己："我真的不是演戏的料，我只能做自己。反正我以后又不打算做这一行，还是趁早退出，以绝后患。"我鼓起勇气找到剧团经理，表明退出的意愿。他倒一点也不怕我砸他的招牌，拍拍我的肩膀说："传单都发出去了，你不演，很奇怪的，放心啦，船到桥头自然直。"

我没那么乐观，每晚噩梦连连，生怕自己是一粒老鼠屎，搞坏人家一锅好粥。

每一次在挣扎取舍的时刻，我的心里就会浮出另一种顽固的声音。这一回，它又悠悠然出现了。有一次被"演出失败、观众砸鸡蛋"的噩梦吓醒，半夜忽然从床上跳起来，那个声音竟在惊魂甫定后告诉我："你可以因为表现不好而失败，但不能因为孬种而失败。你得真正试过，才知道自己行不行。"

考验总是要来临。戏一开始，连紧张的时间都没有。我只记得，我是个外表看来很正常的疯欧巴桑，说我该说的话，做我该做的事。

《人间条件》的第一场演出，我的处女秀，我听见了观众热烈的笑声与掌声，知道场子没有被我炒成冷饭。五场的演出，比我想像中更轻易地结束了。

最后几场的演出，观众全部满座。在庆功宴时，剧团经理才告诉我实话："其实导演最担心的人是你，没想到你一场比一场老到，还会适时地掌控舞台的节奏。"

后来有一位记者来访问我，她揶揄我说："为什么你总是有这么多机会，可以表现自己，我们想做的事，都被你做光了。你该不会这下又立志当职业演员吧。""不会啦，我只是想玩玩，我也不认为，除了写作之外，没有其他的天分，但是——"我的脑中灵光闪动："应该这么说吧，有时候，梦想是会生利息的：我努力实现我的作家梦，它自动生了很多利息给我……"

没错，梦想是会生利息的，只要感兴趣，不要轻易打退堂鼓。

不少男人都尊重英雄，羡慕英雄，但如果问到有谁愿意现在就去做英雄，这样的男人的数目可能就会大为减少。为什么不去做？如果有一个不错的理由，那么这个问题到此为止。但若你的"理由"仅仅是一种空洞概括或者是一种在观念压力下产生的想法，我敢说，这不是一个好理由。

莎士比亚说过："逆境使人奋发向上。要是你从未遭遇失败，为了事业，也许应该经历一次。"因此，尽管英雄有一种只能成功不能失败的必胜信念和勇气，但他们也绝不惧怕失败。可口可乐公司的一名总裁曾经说："我们一向不容许有错，因此逐渐失去了竞争力。一个人只有在行动时才有可能跌倒。"要是你从未遇到失败，那么只能说明你做得不够，更可能你根本没有从事过探索性的、冒险性的行动或比较艰难的行动。而不去做，你也就不可能有什么事业，有什么大的成功。因此，如果你想干一点事业，"也许应该经历一次"或几次失败。

失败对于一个男人来说，也许并不能算做一件好事，但是，如果一个男人连做某件事的勇气都没有，这种失败则是一生的事，而且它将会导致你一生庸庸碌碌，一事无成。

跟你的拖延症说再见

拖延是自己欺骗自己；拖延是对生命的不负责任；拖延是拒绝成功；拖延是做事的大敌。

作为一个男人，在他的一生中，总会有种种的憧憬，种种的理想，种种的计划。假使他能够将一切的憧憬都抓住，将一切的理想都实现，将一切的计划都执行，那么在事业上的成就，真不知要怎样的宏大，他的生命，真不知要怎样的伟大。然而，更多的情况是，很多男人往往是有憧憬不能抓住，有理想不能实现，有计划不去执行，终于坐视种种憧憬、理想、计划的幻灭和消逝。

人们在兴趣浓厚、热情高涨的时候做一件事，与在兴趣、热情消失了以后做一件事，它的难易、苦乐，真不知要相差多少！在兴趣、热情浓厚时，做事是一种喜悦，当兴趣、热情消失时，做事则是一种痛苦。

搁着今天的事不做，而想留给明天做，就在这个拖延中所耗去的时间、精力，实际上足够将那件事做好了。

拖延的习惯很妨碍人的行事。俗话说："命运无常，良缘难再。"在我们一生中，若错过良好机会，不及时抓住，以后就可能永远遇不上这样的机会了。

拖延往往会产生悲惨的结局，这样的案例数不胜数：恺撒因为接到了报告，没有立刻展读，以致一到议会，就丧失了生命。驻扎在特伦顿的雇佣军总指挥拉尔总督正在玩纸牌，忽然有人递来一个报告，说华盛顿的军队，已经挺进到提拉瓦尔，他将报告随手塞入衣袋中，牌局完毕，他才展开阅读，报告的内容是说华盛顿的军队正在穿越德勒华，要向这里进攻。虽然他立刻调集部下，出发应战，但时间已经太迟了，结果是全军被俘，自己也因此战死。仅仅是数分钟的延迟，却使他丧失了尊严、自由与生命。

为什么我们要拖延到明天去做呢？

我们自己欺骗自己，要自己相信以后还有更多的时间。

我们拖延工作是因为它们似乎是令人不愉快的、困难的或冗长的。不幸的是我们越拖延，就越令人不快。

"明日复明日，明日何其多！我生待明日，万事成蹉跎。世人若被明日累，春去秋来老将至。朝看水东流，暮看日西坠，百年明日有几何？请君听我明日歌。"这是清朝诗人钱鹤滩对拖延时间者的忠告。

人贪图享受，就会养成懒惰的习性，因为享受不需要奋斗拼搏，没有谁生下来就愿意吃苦，勤奋努力。

懒惰会使自己的生命时间白白地浪费掉，一生无所作为。

闹钟响了，他会说："让我再睡一会儿。"

事情来了，他会说："等一会儿，明天再说。"

所以，一个男人要使人生能够成功，使生命和时间都有意义，就必须战胜懒惰。

优柔寡断，犹豫不决，是很多男人都不能克服的性格弱点，特别是对一些一时看不清前景的事物，抉择时就难免踌躇不定，坐失机会。

美国的杰夫先生开始做生意不久，就听说百事可乐的总裁卡尔·威勒欧普要到科罗拉多大学来演讲。他找到了为总裁先生安排行程的人，希望能找个时间和他会面。可是那个人告诉他，总裁先生的行程安排得很紧凑，顶多只能在演讲完后的15分钟内可以与他碰面。

于是在总裁先生演讲的那天，杰夫就到科罗拉多大学的礼堂外苦坐，守候这位百事可乐的总裁。总裁先生对学生演讲的声音不断从里面传来。不知过了多久，杰夫猛然惊觉，预定的时间已经到了，但是总裁先生的演讲还没结束，他已经多讲了5分钟，也就是说，杰夫和他会面的时间只剩下10分钟了。杰夫想，我必须当机立断，做个决定。

于是，杰夫拿出自己的名片，在背面写下几句话，提醒总裁先生后面还有个约会："您下午两点半和杰夫·荷伊有约。"然后做个深呼吸，推开礼堂的大门，直接从中间的走道向他走去。总裁先生原本还在演讲，见杰夫走近，就停下话来。杰夫把名片递给他，随即转身从原路走出来，杰夫还没走到门边，就听到总裁先生告诉台下的观众，说他迟到了，他谢谢大家来听他的演讲，祝大家好运，然后就走到外面杰夫坐的地方。此时，杰夫坐在那里，全身神经紧绷，连呼吸都好像停止了。总裁看了看名片，接着看看杰夫说："我猜猜看，你就是杰夫。"他们就在学校里找了个地方当办公室，关起门来畅谈了一番。

结果他们谈了整整30分钟。总裁先生不但花费宝贵的时间告诉杰夫许多精彩动人的故事，而且还邀杰夫到纽约去拜访他和他的工作伙伴。不过杰夫认为，总裁先生赐给他最珍贵的东西，就是鼓励他继续发挥先前那种勇气。总裁先生说商业界或者其他任何地方，所需要的就是勇气，你希望促成什么事的时候，就需要有勇气采取行动，否则终将一事无成。

如果杰夫犹豫不决，不敢采取行动，那么，他就可能失去与总裁会面的机会。相反，他及时采取了行动，就取得了成功。

古人说：一寸光阴一寸金，寸金难买寸光阴。失去寸金尚可买，失去光阴何处寻？

时间对每个人都是一样的，尽管产生的价值不一样，但是，每一分钟都是非常珍贵的。

知道了这个道理，你就要向你的时间要金钱。

只要你抓住了时间，你就抓住了金钱。

男人要抓住时间，就要当机立断，不能迟疑，该做的事情现在就去做。

不要过于珍惜你的羽毛

男人要懂得，只要勇于进取，适度冒险，问题都能解决，而且，在冒险的过程中，无疑是发现自己才能的最佳时机。

英国诗人雪莱曾说："过于珍爱自己羽毛的人，最后将失去两只翅膀，永远不再能够凌空飞翔。"

曾经有一个人到沙漠去探险，炙热的天气把他的方向感都搞乱了，渴得连喉咙都发不出声，但四周除了黄沙还是黄沙，他只能拖着沉重的脚步，一步步地捱下去。

流着汗，他抬头张望，忽然眼睛一亮，发现不远处有一间破旧的房子，他立刻奔向前去。

令他兴奋的是，他发现了一个抽水泵，欣喜的他忘了一身的疲惫往前冲去，使尽了全力抽着水泵，却因为没有引水，怎么抽也抽不出来。

他沮丧地坐了下来，手顺势往下一摆，竟碰到一个水壶和一张便条纸，便条上写着："用这一壶水引水，引出水后，一定要再装满这壶水。"

他打开壶塞，里面果然装满了水，只是他迟疑了："真的要把这救命水倒进那干涸污浊的抽水机吗？"

顿了一下，他决定冒险一试。于是，他把水倒进了水泵，开始使劲地抽水，不一会儿工夫，水真的涌了出来。

他开心地喝个饱足，接着将水壶装满，还在便条上加了几句："相信我，先置生死于度外，冒险一试，你才有机会品尝泉水的甘甜。"

面临压力和困境，习惯逃避的人往往不愿考虑如何冒险取胜，当然就不会知道成功之后的幸福和感动。

每一件事都需要冒险的因子，也得承受失败的风险，但仍得勇敢前进，因为人生最大的危险不是冒险，而是裹足不前。

从出生开始，我们一直都在冒险，而生活最大的享乐就是在难以预料的环境之中发现惊奇。

如果每一次行动尚未展开前，就开始退缩，或自寻烦恼地加重压力砝码，那就别再高谈自己的梦想，因为，一切都是你永远不会实现的空想。所以别出声，先行动了再说吧！

机会只会留给勇于冒险的人，那些只顾着害怕担心的人，即使机会送到他们的面前，也会白白浪费掉。

你花在"担心"的时间，比"行动"的时间多吗？

如果一切都还没有开始，你却花那么多的时间去害怕和恐惧，似乎一点作用也没有吧！

有两个住在乡下的年轻人决定出外打工，一个准备到上海，另一个则要到北京去。

两个人同时坐在大厅等车，这时在他们的耳边，不时传来人们的议论，有人说："上海人可精明了，连外地人问路都要收费呢！"

另外有人说："听说北京人比较有人情味，看见没饭吃的人，不仅会送馒头给他吃，甚至还会送衣服呢！"

准备到上海打拼的年轻人，听到人们这么说，想了想："幸亏还没上车，到北京好了，反正挣不到钱也不会饿死。"

而另一位准备上北京去的年轻人却这么想："还是到上海去，居然给人带路也能赚钱，在那里一定有很多赚钱的方法，幸亏还没上车，不然我可失去发财的机会了。"

两个人同时来到退票处，相互询问之后，刚好可以互相交换车票，分别前往北京和上海。

来到北京，果然如人们传言的那样，年轻人初到北京的一个月里，什么事都没做，却每天都能饱餐一顿。他在银行的大厅喝免费的矿泉水，在卖场里有免费试吃，生活就这么日复一日地度过。

而来到上海的青年，发现上海果然到处都有赚钱的机会，不仅带路有钱，看厕所也有钱，甚至拿盆水给人也有钱赚，只要脑子多转转，再花点力气，到处都有钱可以赚。

凭着乡下人对泥土的感情和认识，第二天起，他便在建筑工地，向工头要了十包含有沙子和树叶的废土，经过处理包装后，他以"盆栽土"之名，向上海人兜售。

喜欢花朵却连块泥地都难得看见的上海人，发现这个新鲜的玩意儿，不禁上前询问价钱。当天，他在城郊间就往返了六趟，净赚了50块钱。

一年后，他凭着贩售"盆栽土"，在上海买下了一间小店面。

有一天，他走在街弄里，忽然发现许多商店楼面很亮丽，但是招牌却又脏又黑。经过打听之后，他才知道那些清洁公司只负责清洗门面，却不负责擦洗招牌。

于是，聪明的他立即买了梯子、水桶和抹布，成立了一个小型的清洁公司，专门负责擦洗店家的招牌。

慢慢地，他的业务也由上海发展到杭州和南京。

这天他搭乘火车，准备到北京考察市场，当他来到北京车站时，有个拾荒者把头伸进车窗，向他要了一个啤酒罐。

就在递拿瓶子的时候，两个人相互望了一眼，同时都愣住了，因为他们同时想起当年两个人交换车票的那一幕。

两个年轻人两种完全不同的结果，其中的关键，正是有无冒险的精神。

故事中我们看见，成为北京乞讨一族的青年，只是听说上海很大，生活不易就退缩，连尝试的勇气都没有，以至穷困潦倒的结局，似乎早可预知。

而成为上海商人的年轻人，则以不同的角度解读，明白现实生活的势利苛刻反而让他更有斗志，所以，一下车他的人生便有了全新的开始。在努力求生存的过程里，他便已经走在成功的道路上了。

男人大多数都有一颗冒险的心，但是真正能够做到这一点的其实不是很多。记住，冒险不等于蛮干，学会冒险，才能够获得更多的机会。

敢于冒险，
人生才有更多可能

冒险的背后意味着什么，许多男人都很清楚：一半的成功和一半的失败。成功之后的鲜花、掌声、名誉地位……都会随之而来，而失败之后的屈辱、损失、甚至生命的陨落也会席卷过来。因为过慎、畏惧，胜利之后的种种美好虽然在许多人的眼前招摇，可一想到失败之后的所有不堪忍受的苦楚，他们还是选择了放弃冒险。

石油界的亿万富翁保罗·格蒂是一位最走运的人，但早期他走的却是一条弯弯曲曲的路。上学的时候他认为自己应该当一位作家，后来又决定要从事外交部门的工作。可是，出了校门之后，他发现自己被俄克拉何马州迅猛发展的石油业所吸引，搞石油业偏离了他的主攻方向，但他在胆量的驱使下想试试自己的运气。

格蒂通过在其他开井人的钻塔周围工作筹集了钱，有时也偶然从父亲那里借些钱（他的父亲严守禁止溺爱儿子的原则，他可以借给儿子钱，但却从不送钱给儿子）。年轻的格蒂是有勇气的，但不是鲁莽的。如果一次失败就足以造成难以弥补的经济损失的话，这种冒险事他从来没有干过。他头几次尝试都失败了，但是在1916年，他碰上了第一口高产油井，这个油井为他打下了幸运的基础，那时他才23岁。

是走运吗？当然。然而格蒂的走运是应得的。那么格蒂怎么会知道这口井会产油呢？他确实不知道，尽管他已经收集了他所能得到的所有材料。

"机会总是存在的。"他说，"你必须相信这种机会的存在。如果你一定要求有肯定的答案，那你就会捆住自己的手脚。"

格蒂的好运是受大胆所赐，他虽然也很谨慎，但他不会放弃可以成功的任何机会。做事谨慎一点当然很好，但不能因为怕跌倒就不再走路。没有冒险的人生不够精彩，没有冒险勇气的人不够成功。站着不动虽然跌倒的机会很小，但站着不动就可能错过你该拥有的美好。

　　美国CNN电视台的创始人特纳就是靠着他的冒险精神建立了第一个私人经营24小时的新闻电视台。

　　特纳在创建CNN电视台之前，他已经拥有了两家电视台。但特纳对此并不满足，因为在他的头上有三家实力雄厚的广播公司：美国广播公司（ABC）、全国广播公司（NBC）、哥伦比亚广播公司。这三个大的广播电视网已经独霸美国几十年，特纳的"超级电视台"和它们相比实在是太渺小了。所以，特纳一直在想着如何超越它们而成为一流的电视台。

　　经过仔细的考虑，他把目标落在于24小时电视新闻这个需要冒险精神的领域，因为24小时的电视新闻还没有一家电视台能够办到。但是，谁都知道当时经营电视新闻是一个赔钱的买卖。它的制作费用相当高，美国三大广播公司只经营时间有限的那么一点电视新闻，每年还要亏损1.5亿美元。特纳现在要经营电视新闻，还想搞24小时制，这是一场冒险。但特纳认为这是一块值得开垦的处女地，如果真的能把电视新闻办好了，人们一定会愿意收看。到那时，电视台的名声一定会声名远扬。他认为，这个险值得冒。

　　为此，他进行了一系列的准备工作。经过不懈的努力，24小时电视新闻网CNN终于在1980年6月1日正式成立了。他的下一个目标就是进入白宫记者团，这又是一个冒险行为。因为当时只有三大电视网才有机会进入白宫记者团，进入白宫报道政府及总统的事务。三大电视网雄踞白宫，哪里把一个小小的CNN放在眼里，他们当然也不愿意CNN进入白宫和他们抢新闻。所以，他们凭借实力雄厚和老资格，制造种种借口，阻挠CNN进入白宫记者团。同时，白宫方面也没有把新成立不久的CNN放在眼里，拒绝接纳CNN。这时，特纳运用自己的聪明智慧，想方设法实现理想。他决定起诉白宫，起诉当时的总统里根等人，状告他们违反了《公平贸易法》。这无疑是一个冒险的决定，但特纳认为自己正在进行有理有节的斗争。在起诉之前，他已经查阅和研究了美国法律，他有信心打赢这场官司。果然，八个月以后，特纳胜诉，CNN在白宫记者团获得了一个高级记者的席位，特纳的冒险使CNN电视台获得了又一次成功。虽然CNN获得了和三大电视网平起平坐的地位，但特纳没有满足现状，他在寻找新的冒险机会。

1981年8月30日，里根总统在华盛顿希尔顿饭店门前遇刺。CNN获悉这一消息后，马上对此进行了首家新闻报道，比其他广播网早报了两分钟，比电视网早报了四分钟。但特纳想：如果能够获得遇刺现场的录像带，就更直观、更吸引观众了！可是，到哪里去获得录像带呢？按照老规矩，CNN将等待负责白宫报道的ABC电视网把录像带传过来才能放映。这样岂不是要落后一大截？特纳知道惟有冒险、探索才能创造辉煌，但是冒险又不等于蛮干，他先查阅了当时的规定，确信自己没有违反规则时，当ABC播出枪击现场的录像，特纳就和他的合作伙伴里斯把录像转录下来，然后就播出了。就这样，特纳和CNN电视台的工作人员不辞辛苦地工作着，当三大电视网关闭播放的时候，CNN仍然在孜孜不倦地向人们报道里根总统遇刺后的情况，人们可以随时收看总统的身体状况和遇刺事件。一些地方电视台也开始转播CNN的报道，CNN因此家喻户晓，特纳就是用自己的冒险精神，使CNN电视台成为了24小时电视新闻的领头羊。

特纳的经历告诉我们每一个男人，做事情若要有所突破，敢于冒险是非常必要的。有了冒险精神，就会使我们敢想敢干，这样才有机会成功。

你可以善良，
但别忘了给你的善良
一点锋芒

————●————

6

做人难，难就难在为人处世方面，每天都要面对形形色色的人，其中未免有些欺软怕硬的龌龊之徒。作为一个男人，在面对故意寻衅和尖酸刻薄的语言时，一定要拿出自己狠的一面，不能一味地忍让和宽厚下去，让小人得意。要知道，一个人的软弱，恰恰助长和纵容了他人侵犯你的欲望。为人兼有软硬两手，才是处世自保并争取主动的真理。

学会适当的反击

做老实人说老实话，本应该是一条为人处世的准则，但若一味地老实宽厚，反倒会迁就、纵容别人不适当的言行，因此，面对别人的无礼攻击和嘲笑挖苦，一定要学会适当的反击，维护自己的利益和尊严。

一个吝啬的老板叫伙计去买酒，却没有给钱，他说："用钱买酒，这是谁都能办到的；如果不花钱买酒，那才是有能耐的人。"

一会儿伙计提着空瓶回来了。老板十分恼火，责骂道："你让我喝什么？"

伙计不慌不忙地回答说："从有酒的瓶里喝到酒，这是谁都能办到的；如果能从空瓶里喝到酒，那才是真正有能耐的人。"

显然，老板只是想占伙计的便宜，假如伙计不能有效地反驳他荒谬的论调，就有可能遭到老板的严厉训斥，或者是自己贴钱给老板买酒，无论如何吃亏的人都是他自己，没准儿还会助长老板的嚣张气焰。

在现实生活中，假如我们遇到了这样无理取闹，蛮不讲理的人，也一定要据理力争，适当反驳，切不可一味地任其摆布。那么，具体应该如何去反击这种无理取闹的行为，让对方承认自己的错误呢？

面对不讲理的人，要控制自己的情绪。以"骤然临之而不惊，无故加之而不怒"的大丈夫的涵养与气量，在气质上镇住对方。

然后要冷静考虑对策，从中选出最佳方案，以免做出莽撞之举。最后还要选准打击点，反击力要猛，一下子就使对方哑口无言。

然而，有时反击不适当的言行也不宜锋芒太露，旁敲侧击，指桑骂槐，反而更为有利。

有个叫比尔的人，经常以愚弄他人而自得。一天早上，他坐在门口吃面包，看见杰克逊大爷骑着毛驴从远处哼呀哼呀地走了过来，于是他就喊道："喂，吃块面包吧！"

杰克逊大爷出于礼貌，从驴背上跳下来说："谢谢您的好意。我已经吃过早饭了。"

比尔却一本正经地说："我没问你呀，我问的是毛驴，"说完，很得意地一笑。

对比尔这一无礼侮辱，杰克逊大爷非常气愤，却又无法责骂这个无赖。他抓住"我和毛驴说话"的语言破绽，狠狠地进行了反击。

他猛然地转过身，"啪，啪"照准毛驴脸上就是两巴掌，骂道："出门时我就问你城里有没有朋友，你斩钉截铁地说没有，没有朋友为什么人家会请你吃面包呢？""叭，叭"对准驴屁股又是两鞭，说："看你以后还敢不敢乱说？"

骂完，翻身上驴，扬长而去。

杰克逊大爷借教训毛驴，来嘲弄无赖已和毛驴建立的"朋友"关系，使他有苦难说，无辫子可抓，幽默地反击了比尔的挑衅。

总之，作为一个男人，在面对故意寻衅的敌人和尖酸刻薄的语言时，我们一定要学会恰当的反击，而不能一味地忍让和宽厚下去，让他小人得意。为人兼有软硬两手，才是处世自保并争取主动的真理。

别让你的善良成为
别人欺负你的借口

"马善被人骑，人善受人欺。"过于软弱和老实的人，往往会成为他人拿捏和欺负的对象，因此，在必要时必须给对方以痛击，让他人知道你并不是好欺负的。

"马善"是指马十分温驯，而"人善"所指的除了温驯、没有反抗性格之外，还包括过于热忱、善良、厚道、心软、服从、软弱、畏缩及缺乏主见等。但是，畏缩及缺乏主见的人或许有一副硬脾气，虽然是个小人物，但不合他脾气的话，他一样听不进去，也指挥不动他，这种人反而不一定会被人欺。最容易被人欺的人大都是些善良温厚的人，也就是人们常认为的"好人"。"好人"因为一切与人为善，不争不抢、不施手段，不会拒绝人家，因此，反而常被人利用。

吃柿子拣软的捏。生活中一些蛮横霸道的恶人之所以能得意一时，就因为社会上老实人太多。他们作威作福、发火撒气往往找那些软弱善良者，因为他们清楚，这样做并不会招致值得忧虑的后果。在我们身边就有这样的受气者，他们因软弱而为人所欺。一个人的软弱，事实上助长和纵容了他人侵犯你的欲望。

人是应该有一点锋芒的，虽然不必像刺猬那样全副武装，浑身带刺，至少也要让那些蛮横霸道的恶人感到无从下手，得不偿失。

在这个世界上，大多数人感到好人似乎总是得不到好报。当我们过于倾心于讨好他人而太好说话时，他人也许会得寸进尺，捉弄我们。他们希望压得你低人一等，使你灰心丧气，这样你就不会阻碍他们前进的路途。

林峰是一家电视台的新闻主持人。他在这家电视台干了五年多，他主持的新闻节目最近被评为当地受欢迎的节目，可是这五年来他向事业顶峰的攀登，并不一帆风顺、轻而易举。

三年前，当他不得不与电视台谈判签订合同时，他遇到了严重的阻力。

　　电视台经理曾向他暗示，他不会让他续签合同；没让他走人，他应该感到很幸运。他很清楚地听出了言中之意：你资历尚浅，不应该咄咄逼人。

　　当他要求修改合同时，电视台经理大发雷霆。但他坚信自身的能力，拒不让步。每天新闻部主任都把他叫到自己的办公室，对他的工作横加指责，而且在每次训斥结束时总说："签合同吧。"四个月过去了，他仍然毫不动摇。最后，电视台经理答应了林峰提出的每一项修改的要求。

　　在签订合同之前，他曾去征求一位律师的意见。这位律师建议在措辞上做几处小小的改动。他回到电视台告诉上司此事时，他们大吃一惊，又一次暴跳如雷。上司们直言不讳地说，他们认为他的行为太自私，不道德。即使这样，林峰也不让步。

　　此后，林峰与同一家电视台又签订了一项为期三年的合同，这一回容易多了。正如他说的那样："如今，他们知道我是一个什么样的人。我说到做到。跟我在一起工作的很多人对我说，我应该要求比我真正想要的更多，然后再让步，这样能使主管们有胜利感。可是对此我不以为然。我要求他们给我提供必要的条件，而其他锦上添花的东西我是不会奢求的。"

　　这个故事的意义不在于林峰的谈判手法，因为没有什么条条框框能左右你应该得到比你想要得到更多的东西。我们应该注意和分析的是使林峰如此坚强的精神。他被迫每日顶住电视台领导的恫吓。与此同时，他又不得不以一个妙趣横生的记者的职业风度，兴致勃勃地面对摄影机镜头每日播送新闻。他从不让谈判中滋生的那种情绪影响自己的工作，林峰具有一种强烈的自我价值观，他勇敢地保护自己免受威胁的伤害，为了自己获得应该获得的东西而战。

　　假如你不理直气壮地坚持要得到属于自己的权利，他人就不会帮助你。即使你想要维护自己的权利，也会有人阻止恫吓你。

　　其实，"好人"也可以保持好的特性，没有必要使自己变坏；而且叫一个好人不"好"也不太容易。但是面对社会中的险恶之人，"好人"还是要有保护自己的方法，那好人有什么办法可以保护自己呢？

　　要确立自己待人处世的原则。有了原则，自然会有所为，有所不为。但怎样坚守原则却也是"好人"困扰之所在，因此还要有拒绝的勇气，假如你拒绝他人几次，他人自然就不敢随便对你做出无理或有害于你的要求，不过你还得有明辨是非与独立思考的能力，否则就会拒绝不应拒绝的事，接受不该接受的要求。

适度地抗议和生气。有些人以欺负好人作为生存的手段，因此，当你受到不公平的待遇时，要有勇气抗议，但这种抗议必须有气势，不必得理不饶人，但要充分表达你的立场。至于生气，也不必闹翻天，但要让对方了解你的立场。一般喜欢捏软柿子（欺负好人）的人，心都是虚的（因为他不敢去欺负"坏人"），因此，你的抗议和生气会产生相当程度的效果。

你也可以采取适度的报复，不过实施这种报复时，轻重要拿捏的准，否则会让自己良心不安，反而造成自己的痛苦，而且一不小心，被对方反咬，也会得不偿失。因此，若无把握，报复能不要就不要，但报复确有其效果。

总之，作为一个男人要想不被人欺，就要武装自己。你不必去攻击他人，但必须能保护自己，就像自然界的很多小动物，它们也都有基本的自卫能力，否则，连自己是怎么受人陷害的都不知道，这不也令人感到悲哀吗？

敢于
说"不"

人生有太多的时候，需要坚决地说"不"字。如果自己不会说"不"字，那么自己肯定要烦恼不断。

有些男人太爱面子，不管什么事，都不好意思抹下面子。一口一个"没问题"，一口一个"这好办"。因为不会说"不"，不知道惹出多少麻烦纷争。

当然，说"不"字有技巧，语气尽量要委婉。有的时候，一开始当断不断，后来就会必受其乱。起初自己不加思考答应别人，结果自己无力去承兑诺言，别人会更加的厌恶你，还不如一开始就拒绝，以便让别人还有另想办法的时间。一个人的能力总是有限的，总有拒绝别人的时候。当自己拒绝别人时，应当有勇气予以艺术地表达，并且不能顾及面子。

说"不"字并非是一件轻松的事情，能够灵活掌握拒绝的艺术，也说明一个男人生存能力强。很多男人因为不善拒绝他人，结果自己烦恼缠绕，总叹息无辜受累，而别人怨恨不断，结果导致双方人际关系的紧张。一个男人绝对不能"有求必应"，否则自己没有快乐可言。但许多时候，拒绝关系一般的人比较容易，而拒绝自己的亲朋好友则很难，因为要顾及亲情、友情和面子等东西。

与人交往，说"不"是非常困难的事，但当别人提的要求你根本做不到，你就要勇于说"不"，这样你可以避免许多麻烦。

明人潘游龙的《笑禅录》里有一则小笑话：

甲乙是朋友。一天，甲病了，愁眉苦脸的。乙来探望，问："兄是何病？有什么需要我办的？我都能为你办。"甲说："我是害了银子的病，只需要二三钱便够了。"乙就假装没听清，咽了咽唾沫说："你说什么？"

笑话本意是在讽刺虚假的朋友，但从中我们也可体会到拒绝别人的不合理要求时，通常会产生尴尬的心理。

生活中，我们经常会遇到他人的请求，比如借钱、帮忙做某事、下属提出加薪的要求等等。如果我们对这些请求不愿接受，却又不好意思说"不"，我们就会使自己陷入十分为难的境地。或者违心地答应下来，心里却别别扭扭；或者假装答应却不做，失信于人；或者只能如笑话中的那人，干咽唾沫，脸上酸酸的……

一般来说，我们应该尽可能地帮助他人，因为乐于助人是做人的一种美德，但是帮助别人也不能没有原则。对方的请求，有的是不合时宜或不合情理的，有的是我们没有义务一定要承受的。比如有的人明明自己有存款还向你借钱，原因是怕自己提前取款会损失利息，这样的请求就明显太自私了。有的人好贪便宜，见你有好东西就想要。比如好字画、盆栽摆设，他们便大大咧咧张口："送给我吧！"这种"夺人所爱"的"请求"也是让人反感的。还有些请求，是强人所难，或根本就是无理要求。对这一类请求，我们心里老大不乐意，却为什么常常点头答应呢？究其原因，大概有这么几种：

（1）接受比拒绝更容易；

（2）担心拒绝后会触怒对方或受到报复；

（3）为了给人一个好印象；

（4）不了解拒绝的重要性；

（5）不知如何说"不"。

知道了原因，我们就要学会如何去拒绝别人，具体方法如下：

第一，耐心地倾听对方所提出的要求。

第二，在你拒绝时，要经过慎重考虑。

第三，在拒绝别人时，你的表情应该和颜悦色。

第四，拒绝时，要显露坚定不移的态度。

第五，最好能给对方一个你拒绝的理由。

第六，要让对方了解，你的拒绝是对事不对人的。

第七，拒绝以后，若有可能，你可以为对方提供处理他的请求事项的其他可行途径。

第八，切忌通过第三者拒绝某一个人的请求。

　　总之，在该拒绝时要拒绝，而且要把"不"字理直气壮地说出口。明人吕坤说："你说的是，我便听从；我不是听从你这个人，而是听从'是'，哪有什么私心？同样，你说的不是，我便不听从；我不是针对你这个人，我是不听从'不是'，哪里是对你有什么不满？"

　　生活中，我们都有得到别人理解与帮助的需要，我们也常会收到来自别人的请求和希望。但事实上，谁也无法做到有求必应，因此，每个人都有必要掌握一些拒绝别人的技巧，免得得罪了朋友，影响到自己的人际关系。

　　一个男人学会适当的时候说"不"，并不意味着有人会嘲笑你。被拒绝的人会觉得你真诚可靠，不轻易的许诺，反而会增加对你的好感。别忘了，说"不"也是我们的权利。

为人要有气概

孟子说："*富贵不能淫，贫贱不能移，威武不能屈，此之谓大丈夫。*"意思是说，高官厚禄收买不了，贫穷困苦折磨不了，强暴武力威胁不了，这就是所谓的大丈夫。大丈夫的种种行为，表现出的这种气概，我们今天就叫做骨气。做人，首先要先看得起自己，别人才会看得起你，这就是骨气。

气，代表一个人的气质、涵养。有的人容易生气，动不动便发脾气；有的人则充满侠气，与人交往讲究义气。一个容易意气用事的人，做事血气方刚，得意时意气风发，不如意时怒气冲天；反之，一个沉得住气的人，处世能心平气和，该维护正义时，又能正气凛然。

做人一定要有骨气，不卑躬屈膝，不唯唯诺诺，挺起腰杆做人，绝不苟且偷生，这样才会活得有尊严，有价值，有意义。一个有骨气的人，同样也会得到他人的尊敬，即使一无所有，就凭一身傲骨也不会被人看不起。人穷志不穷，就是为了这一口气，我们也要活出个样来。

小张是一个打工仔。父亲死得早，母亲改嫁了。为了供小弟小妹读书，小张一个人来到一座陌生的城市打工。

小张还没有找到工作，身上的钱也花光了，只好在街上流浪。

他情不自禁、不知不觉地走进一家叫做风林的书店。小张对书十分痴迷，不知为什么，只要一见到书，他就觉得浑身充满力量。他暗暗发誓，一定要挣到钱，好让弟弟妹妹能念上书。

小张拿着一本书看得入了神。这时候，外面的吵闹声打扰了他，一种本能的好奇心促使他走出了书店，竟然忘记了把书放回原处。原来是两辆自行车在书店门口相撞了。纠纷平息后，小张才发现书还在自己的手里，于是赶紧转过身去，打算把书放回原处。就在这时，书店的老板娘气势汹汹地跑了出来，不容分说，就给了小张一个耳光，骂道："你这个小偷！不要脸的家伙！没教养的东西！"

小张惊呆了，好一会儿才为自己辩解道："我不是小偷！我是想买这本书。"可话一说完，小张就后悔了，他身上根本就没有钱买书。

"那好，那你把钱掏出来！"

"这……"

"掏啊！怎么不掏！还说不是小偷。你们这种人我见多了，没有钱就偷书，上回我还抓了一个！"

小张不再做任何辩解，他把身上唯一一块值钱的手表做了抵押，要老板娘给他一周的时间，一周后带钱来买下这本书，只有这样才能证明他的清白。

一周后，小张没有来。老板娘轻蔑地笑了。又过了一周，小张仍然没有来，但他的弟弟来了。弟弟把20元买书钱给了老板娘，买下了那本书，换回了小张的手表。老板娘忍不住问了一句，他，怎么没有来？

"他死了。"

"死了？"

"在工地上做小时工，被失事的起重机砸死的。这是我在我哥书包里看到的一张字条。"小张弟弟把纸条递给老板娘，"我哥不是你想的那种人。"说完，就离开了书店。

老板娘摊开纸条，只见上面写着：我欠风林书店20块钱。我一定要挣到钱买下那本书，我不是小偷！

小张的不幸让我们叹息，但他的骨气却让我们敬佩。身有傲骨，可杀而不可辱。一个人在自己的一生当中，做人处事就要带那么几分傲骨，所谓"士可杀不可辱"，你可以要他的命，但是你不能侮辱他，不能伤害他的尊严。

文天祥有诗云："人生自古谁无死，留取丹心照汗青。"尽管被拘囚在地牢里，受尽折磨，元朝多次派人劝他，只要投降，便可以做大官，但他坚决拒绝，终于在公元1282年被杀害了。这就是有骨气的代表。头可破，血可流，就是不能低下高贵的头！

古时候有一位才子，琴棋书画样样精通，可是怀才不遇，屡试不中，最后只得靠出卖自己的字画来维持生计。

他在家门口摆了一个书画摊，现场为客人写字作画，围观的人好不热闹。他规定，一副对联五文钱，一副匾额十文钱，一幅画一两银子。

没有生意时，这位才子就在一边弹琴。

有一次，一位富有正义感的官员被他的琴声所吸引，循声而来，刚开始还以为是哪一家的书香门第呢，没想到，竟然是卖字画的穷小子。但是，这位官员马上被他的字画迷住了，这种飘逸洒脱的字画他以前从来没有看见过。

官员打算买下几幅字画，回去好好观摩观摩。出于同情，官员买了几幅现成的字画，却给了他五两银子，说不用找了。但才子执意把多余的钱退还给了官员。官员想，天底下还有这么傻的人，给他钱竟然不要。莫不是装的吧？为了试他一试，这位官员故意把钱袋趁他不注意时落在他的书画摊上，然后就离开了。大约走了几米远，官员听见后面有人叫他，回头一看，正是卖字画的那位穷小子。

"这是你掉的钱袋。"

"谢谢。真不知道该如何感激你。"

这位官员不仅为他的才气所感动，更为他的骨气所折服，决定要助他一臂之力。回到家后，官员请来了许多社会名流一起鉴赏他买回来的字画。这些达官贵人都以为这些字画是这位官员所作，赞不绝口。等官员说出真相后，更是惊讶不已。在官员的大力宣传下，才子结识了更多的社会名流，一传十，十传百，这位才子的名气越来越大，最终成为江南四大才子之首，他的名字就叫唐伯虎。

因此，世间的人，应该努力培养自己的气质，做人至少要有一点骨气。有骨气的人，走到哪里，都能受人尊重，都会受人礼敬。假如没有骨气，无论走到哪里，都摆脱不了被奴役的性格，都不会受人尊重。因此，一个有骨气的人，自有其不同于一般人的人格特质。唐伯虎就是这样一个有骨气的人。

不吃嗟来之食的故事我们都听过，一个穷人饿得快死了，也不肯吃他人丢给他的一碗饭。因为那一碗饭不是善意的，是一种蔑视。对付蔑视的最好方法就是更加蔑视。那人摆出一副慈善家的面孔，吆喝一声"喂，来吃！"这种架势就像喂狗一样，谁都受不了。假如穷人吃了这碗饭，以后的日子更不好过。不仅要受肉体折磨，还要受精神折磨，还不如饿死。

是的，人固有一死，或重于泰山或轻于鸿毛，我们应该学学文天祥，与其苟活一世，不如轰轰烈烈地离去。人活一口气，如狼牙山五壮士气壮山河。为尊严和自由而战应该成为一个男人的座右铭。

收起你的轻浮，释放你的威严

没有威严的人，大家即使与他交往，只是共同凑乐，不会真正地深交。因为这种交往并不会提升自己的人生价值。

男人性情豪爽是一件好事，但是态度过于随便的人却难以获得他人的尊敬，而且这种性情的人有时还会给自己的生活增加一些麻烦，比如，他们由于说话不注意分寸往往会惹长辈生气；不顾场合地开玩笑，无意间会伤害到朋友。另外，对待身份和地位比自己高的人采取这种毫无顾忌的态度，则会使对方觉得你很没有涵养，不值得重用；对待身份和地位比你低的人态度过于随便，也容易使对方误解，让他以哥们义气与你相待，甚至提出不当的要求。开玩笑的情形也是如此，假如你凡事都喜欢开玩笑，即使在讲正话时，也很难叫人相信你。

个性豪爽的男人虽然比较好相处，但要受人尊敬，你就应该善于利用这种豪爽。以我们自己的生活体验，在一些娱乐性的场合，我们往往会想起这类人的好处。比如，因为那个人歌唱得很好听，我们感觉和他相处很愉快；或是因为某人舞跳得很好，因此，我们乐意找他去参加舞会；或者因为他喜欢讲笑话，十分有趣，所以我们高兴约他一起去吃饭……

人们之所以乐意在这些场合找他，主要是为了娱乐的需要。但是，假如人们只是在这种时候才想到他，这并不是一件什么好事，这也不是在真正夸赞一个人，反过来有可能是在贬损他。至少一个只有娱乐方面占"优势"的人，是不会被他人委以重托的，因而不大会受到人们发自内心的尊敬。

假如一个人仅以一方面的特长去获得他人的友谊，这样的人其实是没有什么价值可言的。由于他不具备其他特长，或者不懂得怎样来发挥其他方面的优点，他也就很难受到他人的尊敬。记住：一个重要的处世原则就是，不论在任何时刻、任何境地，都要保持一种"稳重"的生活方式和处世态度。

那么，到底如何才是具有稳重的态度呢？所谓具有稳重的态度，就是在待人接物中要保持一定的"威严"。当然，这种带有一定威严的态度与那种骄傲自大的态度是完全不同的，甚至可以说是与之完全相反。这种反差就如同鲁莽并不是勇敢的表现，乱开玩笑并不是机智一样。我们这样说，并无意去贬低那些具有良好心态的人，但是傲慢、自负的人确实很容易惹人生气，甚至让人嘲笑或轻蔑。

一个具有稳重态度的男人是绝对不会随便向他人溜须拍马的；他也不会八面玲珑，四处去讨好他人；更不会去任意滋事造谣，在背后批评他人。具有稳重态度的人，不仅会将自己的意见谨慎、清楚地表达出来，而且还能平心静气地倾听和接受他人的意见。如此待人处世的态度，就可以说是一种具有稳重的威严感的态度。

这种稳重的威严感也可以从外在表现出来，即在言谈举止、表情或动作上都很自信、成熟且稳健。当然，假如你能在此基础上再加上生动的机智或高尚的气质，就更能增强你的尊严感。相反，假如一个男人凡事都采取一种嘻嘻哈哈或无所谓的态度，就会让人觉得他十分轻浮。假如一个男人的外表看上去十分威严，但在实际行动上却草率之至，做事极不负责任，这样的人也仍然称不上是一个具有稳重威严感的男人。

别让你的实在过了头

做实在人，说实在话，人人都喜欢和实在的人相处交往，因为和实在的人相处比较安全，实在的人宁愿自己吃亏也不愿意他人吃亏，实在的人从不算计他人。

实在点儿并没有错，但是，任何事情都有一个度，一旦过了火，事情就走向了反面。实在可以，但太实在就要不得了。太实在是一种木讷，一种保守，一种顽固，太实在的人不懂得人情世故，不知道规划自己的人生，太实在的人只知道按部就班地生活，没有创新没有突破，从来不去想要主动干什么，只知道按照他人的吩咐去做事，甚至不知道自己能干什么不能干什么。这样的人，一生能有多大的成就？太实在的人一生都处于被动中，也注定一生都会平庸，不是没有机遇青睐他，而是机遇来到他的面前他也看不见，更不用说主动去创造机遇了。

太实在的人，机遇站在他的面前他都不知道，非得有人亲自告诉他："这是机遇，快抓住！"太实在的人没有主见，总是根据其他人——父母、亲人、朋友的意见，选择他们的职业和生活方向。特别是当他人一再重复自己的意见时，实在人就更难以拒绝。因此，很多太实在的人选择了一条不属于自己的路，可想而知，在这条路上他能够走多远呢？

太实在的人不欺负他人也就算了，却还要受到他人的欺负。这可以算是太实在的人最大的悲哀与无奈了。我们可以看到在职场上，太实在的人总是被其他人使唤过来又使唤过去，有什么累活苦活或者吃力不讨好的差事总是叫太实在的人去做，其他的人则坐享其成；假如事情做砸了，就把责任全推到太实在的人身上。而太实在人一般胆小怕事，安分守己，对人对事谨小慎微，从不会随便得罪他人，即使他人得罪了自己，也不会记恨在心，更不会以牙还牙。这样一来，太实在的人就经常被那些不老实的人欺负，而且即使自己吃了亏也认了，也不会向人诉说。

反过来，太实在的人对于他人的一点小小的恩惠，却牢记心中，并时刻想着找机会给予报答，即使那些施与恩惠的人早已经忘记了这点事。如此看来，太实在的人是职场里的"冤大头"。

老张是公司里的老员工了，都快要退休了却还是公司里最底层的职工，公司不重用他是因为他太实在，公司不辞退他也是因为他太实在，不忍心。

公司有自己的厨房，中午的工作餐公司自己做。厨房在一楼，二楼的员工中午吃饭时都应该亲自跑下楼来拿属于自己的那一份。老张出于好心，总是在吃饭前十分钟把二楼所有员工的饭提上来。第一次，同事们都十分感激。次数多了，同事们就习惯了，下意识里以为这是老张应该做的。因此，不但不感谢，有时还吆喝："老张，该吃饭了。下去拿饭！"

这样还不算，同事们得寸进尺，吃完饭后都把自己的碗放在老张的工作台上，要老张带下去。老张也没多想，反正自己也要下去，多带几个碗没什么大不了的。

有一天，同事们吃完饭照旧习惯性地把碗交给老张。按照以往，老张吃完饭喜欢打一下盹，然后再把碗送下去。可今天不知道怎么搞的，没小心睡过了头。恰恰在老张睡觉时，老总和另外一家合作企业的老板来视察工作，看到老张桌子上堆满了碗筷，合作企业老板皱了皱眉头，心想，这个公司员工素质这么差，想必公司也好不到哪里去。于是拒绝了和公司合作。公司老总就把气全撒在老张身上，老张有口难辩，最后，公司把老张辞了。

让老张感到心寒的是，竟然没有一个同事替老张说好话。

这就是太实在人的下场。实在人在群体中基本上处于不受重视的地位，没有什么实际影响力，也很难出类拔萃成为领导者。实在人的这种生存状况与其本身所具有的一些基本特性是分不开的。

首先，实在人不善于表现自己，尽管是自己应该得到的也不去争取，会觉得不好意思，自己的优点与能力常常不为人所知，给人的印象很平常，甚至经常被人遗忘还有这样一个人存在，很难引起他人的重视。

其次，实在人不知道为自己的将来计划和打算，他们的观念是凑合着过日子，没有什么大的理想，也不知道自己能够做什么，一生糊里糊涂，或许偶尔也有自己的想法，却没机会表达，一旦有机会表达又没有信心，所以即使把想法说出来也不会得到他人的重视。可以说，太实在的人是没有话语权的。

再次，太实在的人不懂得交际，不会运用社会资源，总是单打独斗，在处理各种关系上原则有余、圆通不足，很难树立起自己的威信。太实在的人个性也往往比较孤僻，不主动和他人交往，不主动和他人接触，本来就是一个很普通的人还不主动，还期望他人主动结交吗？这是不可能的事，因此，太实在的人往往没有多少朋友，也不是一个受欢迎的人。

最后，实在人不加入任何的利益团体，只知道过自己的生活，也没有给他人带来好处的能力，而给他人带不来任何好处的人在整个利益关系的链条中就会处于不被人重视的地位。

所以，做人不能太实在，尤其是一个在社会上行走的男人，千万要有一点心机。俗话说得好，"害人之心不可有，防人之心不可无"。为人处事留一点心机，是保护自己免受伤害的需要。心机是谋略的一部分，善于谋划的人都是有心机的人，不要以为有心机就是要算计他人，更多时，心机是为了自己的生存。

同时，对于男人而言，心机是智慧的流露，也是自保的象征，没有心机的男人会受到来自外界的不同种类的伤害。人情冷暖，世态炎凉，社会中的事情错综复杂，面对这样的世界不留有心机，怎能正当地维护自己的利益呢？

给你的"忍"
加个"度"

在与人交往时，我们要学会隐忍，忍是中华民族传统美德之一。勤劳、质朴、吃苦、耐劳这种精神任何时代都应提倡和发扬。忍对他人来说是尊重，对自我则是一种约束和克制，有忍耐力的人实际上是有修养、有自制力、有知识的人。但是"忍"也要有一个度，我们不能没有原则地忍让。一个人如果不敢坚持原则，以牺牲根本的东西来换取一时的风平浪静，那么这样的人就只能是人们眼中的"窝囊废"。是软弱、无能的代名词，为人们所唾弃。

不敢坚持原则的人主要原因是不敢付出代价，以原则做交易，以牺牲原则来保住自己看重的那一点点其实价值不大的东西。坚持原则虽然有时可能会得罪别人，但却能保住自己的根本利益，在众人眼中树立起一个敢于维护原则的好形象，有利于工作和个人的长久发展。所以，千万不能一味地忍让，不能丢掉忍耐的最后极限。

人是应该看重原则的，虽然有时候出于一些不得已的原因，一些小的、非原则的事情可以不放在心上，但当根本原则受到侵犯时，就不能再无动于衷，麻木不仁了。

我们知道，量与质是对立统一的，质的变化是由量变引起的，事物的性质在一定的范围之内，不会出现根本性的变化。而一旦超出了这个度，事物的性质便会出现新的特点，正如水在一百度之内仍然是液体，可一旦烧开便变成了气体一样。在对待忍的问题上，也有一个度。

为了帮助你掌握好忍的度，我们提供了以下几个大概的原则供你参考：

第一，不能忍无止境。

也就是说，你对同一对象的忍，可以一次、两次，但决不可一让再让。对待这种人，在经过几次忍让之后，看清了其真面目，则不应再忍下去，可以适当地反击对方，给对方一点颜色看看。

第二，当对方的欲望膨胀到一定程度时，必须予以坚决反抗。

有时对方的一些过分之举在你看来是区区小事，不必放在心上的，但对方可能会认为你软弱好欺，因而得寸进尺，触及到一个人做人做事的原则底线，这时你就不能一味忍让。否则的话，你就是没有原则之人了，也更加助长了对方的气焰，使其恶性膨胀。因此，每当遇到这种情况，你应该坚持自己的原则，予以坚决反抗。

第三，恶棍在光天化日之下大行其恶，不能忍让。

忍无可忍的情况有时也会出现在一些公共场合之中。有些人以为别人也不认识自己，而且以后彼此间很难相遇，因而处于一种相对匿名者的状态中。这种场合往往使人在一定程度上淡化了责任感，也会不同程度地丧失自己的良知，因而发生和做出一些过分的行为。例如，在火车上、在公园里、在公共汽车里等等。在这种公共场合中，有些老实人常常抱着一种尽量少惹麻烦的心理，对于一些过分的、带有攻击性的行为持"忍"的态度。这种息事宁人的态度，有时不但不能使大事化小，小事化了，而且还可能助长了对方的气势，使其更加咄咄逼人。因此，对待这种情况下的恶人，必须以硬对硬，以毒攻毒，反正他也不知道你的底细，只要有把握，就可以坚决反击对方。如果一方是咄咄逼人，另一方却又是息事宁人，很容易造成一种有利于某些人不断膨胀其侵犯心理的环境和条件。但是，也恰恰是在这种情况下，由于有些人肆无忌惮地一意孤行，也很容易地把人们逼到一种忍无可忍的地步，进而做出奋起还击的行为。

男人要保持自己的骨气，把自己的刀剑插入刀鞘，但需要自卫时要毫不犹豫地拔出来。既然你已经躲不过去了，不如趁早解决的好。千万不要再一味地忍让下去了。

男人在人际关系中需要把握好"忍"这个度。在一些无关紧要的、不涉及到原则的小事上当忍则忍。但一旦触及到做人做事的原则，甚至超过了原则的底线，就一定不能再忍下去，否则不仅助长了某些人的嚣张气焰，更丧失了我们作为男人的尊严，这一点务必高度警惕。

[别让你的棱角
被磨得太平]

　　有一个规律在战场上往往看得更明显：凡是打仗顶呱呱、能打硬仗、狠仗的军人，平常的时候也大多不是什么善茬。

　　公司里做事有时候也跟战场上打仗有相似之处，无论大小公司，总会有自己的顶头上司，除非做自己的老板，跟上司是铁哥们、铁姐妹也还罢了。如果是初进公司，公司人事还不很通，学历耀眼三分，还有比较突出的工作能力，心胸豁达的上司认为自己是可用之材，也许会大力提拔；小心眼的上司却对工作突出的下属耿耿于怀，怕这些毛头部属一不小心"功高盖主"，抢了自己的风头，阻碍了自己的仕途。于是，就时不时地使个绊子，最典型的做法就是将他人的业绩揽到自己的头上，让你完成工作的成就感刹时灰飞烟灭，个人在公司里的价值似乎也荡然无存，除了心寒，你还能有什么？

　　小田从毕业时所进的公司跳出来后，在一家刚成立的咨询公司做业务。三个多月做下来，小田形容自己是巨石下的小草，拼命挺直身子，在公司里挣扎活命。主要原因就是自己做成的客户，汇报到老板那里都变成顶头上司的业绩，顶头上司原本是凭借骄人的工作经历被招进公司直接做客户总监的，仅比小田早进公司两个多月，据说客户总监在小田进公司前的业绩平平，小田进公司后，才有了点"高歌猛进"的意味，而老板完全不知道这其中是小田的成绩。小田与朋友们说起这些事，最常用的一个词是"郁闷"。如果不是就业形势不乐观，小田可能已经开始寻找下家公司了。可是现在，难道只有忍耐吗？

　　类似小田这种情况的职场人士有很多，尤其是在那种管理还未踏上正轨的小公司打工，大多数人都是忍气吞声或是一跳了之。很少有人去和自己不平等的遭遇做抗争，最后遂了"大尾巴狼"上司的愿，为他们的职业经历又加了一笔"财富"，自己却又风餐露宿继续承受找工作之苦。

忍气吞声固然是职场中人棱角磨圆的表现，但胆气却是职业成功不可或缺的要素：放任抢你业绩的上司继续压榨后来人，或是在将来的公司你的上司又照旧抢你的业绩，你又能跳槽到何时呢？其实最经济的办法就是不动声色地抗争，利用和老板直接对话的机会汇报自己的工作，多提对公司发展有价值的建议。这样你的业绩显而易见，就不会给那些小心眼的上司留下可乘之机。

只要在老板心目中确立良好的人格地位，你的"大尾巴狼"上司想抢你的业绩都很难。

处事圆滑是每个男人都应该注意的问题。但是，这并不代表任何棱角都不带。一个男人如果一点棱角都没有，就会成为人见人捏的"软柿子"，只会忍气吞声的窝囊废，这是一件很可悲的事情。即使你无法成为声震四方的厉害人物，但至少也该有点原则，不要在步步退让中失去了自我。

多一点防人之心
有益无害

人心险恶，不睁大双眼随时都有遭人暗算的可能。并不是说一定不要信任别人，但是，身处社会的男人，多一点防人之心还是有益无害的。

我们都知道，现实中的绝大部分事业，都是不可能靠单打独斗完成的。在很多时候，面对着隔岸的目标，要想成功越过中间横亘着的惊涛骇浪，我们必须要有同舟共济之人。

"同舟共济"本来的意思，只是大家同乘一条船过河。而现在的意义则是指在困难面前，彼此能够互相救援，同心协力。在通常情况下，同舟共济之人是应当齐心协力，乘风破浪的。但天下没有不散的宴席，建立在一定利益基础之上的"同舟"，总有各奔东西的一天。那么，在"同舟"的时候到底应该如何做呢？事实上，在一些时候，同舟之人未必总能共济，因此，我们有必要多长点心眼儿，予以防备。因为一旦同舟之人对你动手脚，那肯定会是又阴又毒的，甚至能一下置你于死地。

王安石在变法的过程中，视吕惠卿为自己最得力的助手和最知心的朋友，一再向神宗皇帝推荐，并予以重用。朝中之事，无论巨细，王安石全都与吕惠卿商量之后才实施，所有变法的具体内容，都是根据王安石的想法，由吕惠卿事先写成文告及实施细则，交付朝廷颁发推行。

当时，变法所遇到的阻力极大，尽管有神宗的支持，但能否成功仍是未知数。在这种情况下，王安石认为，变法的成败关系到两人的身家性命，并一厢情愿地把吕惠卿当成了自己推行变法的主要助手，是可以同甘苦共患难的"同志"。然而，吕惠卿在千方百计讨好王安石，并且积极地投身于变法的同时，却也有自己的小算盘，原来他不过是想通过变法来为自己捞取个人的好处罢了。对于这一点，当时一些有眼光、有远见的大臣早已洞若观火。司马光曾当面对宋神宗说："吕惠卿可算不了什么人才，将来使王安石遭到天下人反对的事，一定都是吕惠卿干的！"又说："王安石的确是一名贤相，但他不应该信任吕惠卿。吕惠卿是一个地道的奸邪之辈，他给王安石出谋划策，王安石出面去执行，这样一来，天下之人将王安石和他都看成奸邪了。"后来，司马光被吕惠卿排挤出朝廷，临离京前，一连数次给王安石写信，提醒说："吕惠卿之类的谄谀小人，现在都依附于你，想借变法之名，作为自己向上爬的资本。在你当政之时，他们对你自然百依百顺。一旦你失势，他们必然又会以出卖你而作为新的进身之阶。"

王安石对这些话半点也听不进去，他已完全把吕惠卿当成了同舟共济、志同道合的变法同伴。甚至在吕惠卿暗中搞鬼被迫辞去宰相职务时，王安石仍然觉得吕惠卿对自己如同儿子对父亲一般地忠顺，真正能够坚持变法不动摇的，莫过于吕惠卿，便大力推荐吕惠卿担任副宰相职务。

王安石一失势，吕惠卿厚脸掩盖下的"黑心"马上浮上台面。他不仅立刻背叛了王安石，而且为了取王安石的宰相之位而代之，担心王安石还会重新还朝执政，便立即对王安石进行打击陷害。先是将王安石的两个弟弟贬至偏远的外郡，然后便将攻击的矛头直接指向了王安石。

吕惠卿的心肠可谓狠得出奇。当年王安石视他为左膀右臂时，对他无话不谈。一次在讨论一件政事时，因还没有最后拿定主意，王安石便写信嘱咐吕惠卿："这件事先不要让皇上知道。"就在当年"同舟"之时，吕惠卿便有预谋地将这封信留了下来。此时，便以此为把柄，将信交给了皇帝，告王安石一个欺君之罪，他要借皇上的刀，为自己除掉心腹大患。在封建时代，欺君可是一个天大的罪名，轻则贬官削职，重则坐牢杀头。吕惠卿就是希望彻底断送王安石。虽然说最后因宋神宗对王安石还顾念旧情，而没有追究他的"欺君"之罪，但毕竟已被吕惠卿背后的刀子刺得伤痕累累。

男人总缺不了跟别人交往，而就在人际交往中，永远都不乏这样的人，当你得势时，他恭维你、追随你，仿佛愿意为你赴汤蹈火；但同时也在暗中窥伺你、算计你，搜寻和积累着你的失言、失行，作为有朝一日打击你、陷害你的秘密武器。公开的、明显的对手，你可以防备他，像这种以心腹、密友的面目出现的对手，实在令人防不胜防。所以，同舟者未必共济，与人共事时务必要多留防范心。

把纯洁的友情看成是金钱附庸的人，生活中可说是不乏其人。他们对权势钱财看得特别重，谁有权有势就巴结逢迎，以求利用，谁有钱有势，便趋之若鹜。这种人不问是非曲直，吃吃喝喝就能混在一起，打着"朋友"的旗号，追求实利，而在关键的时候，却是不讲一点道义规矩。

这种势利朋友容易得到合作者，也容易失去合作者，容易结交也容易散伙。这种友谊是建立在权势钱财和杯盘烟酒之上的，带有极大的欺骗性和危害性，这种"友谊"是难以长久的。

即使在感情上不愿承认和接受，在日常生活中，我们也还是会常常遇到这样的情况。比如，当你取得成绩，有了荣誉之后有的人殷勤地表示友好；而遇到挫折和困难时则躲得远远的。这种讲实惠的实用主义态度是可鄙的。有的人对那些于自己有用的"朋友"，就千方百计地加以笼络，对暂时用不上而将来有所求的"朋友"，则滑头滑脑，若即若离地维持；对曾经有用，今后不再有用的"朋友"，则置之脑后似乎不曾相识；对那些过去有恩于自己，后来陷于困境需要他帮助的，则忘恩负义，有的甚至趁火打劫，落井下石。

这些市侩的交友之道与做人的起码道德格格不入。古希腊的政治家伯利克里说过："我们结交朋友的方法是给他人以好处，而不是从别人那里得到好处。"这句话道出选择朋友的道德标准。

势利之人之所以与你交往，看重的是你的权力、财富、美色，而一旦你失势、破财、人老珠黄，他就会弃你而去。与这种人实无友爱可谈。居里夫人说过这样一句名言："一个人不应该与被财富毁了的人来往。"并警告我们不要交酒肉朋友、势利朋友，不要与势利之徒搞在一起，结成所谓的合作者。

我们说要对"战壕"内部人也要存有防人之心，防的不是正人君子，而是那些喜欢耍阴谋诡计，专门背后搞小动作的人。

其实，靠打小报告来讨取更有权势者欢心的人，在出卖别人的同时，自己也可能被出卖。

这类不争气的人，很大程度上是完全成不了大气候的。可能有些人会想，我们是男人，应该有些度量。这话不假，但是，我们之所以主张对那些小人加以防备，其实更主要的也是为了免除由他们而带来的麻烦，以使自己能更集中精神和力量，来对实质性的敌人进行防御和攻击。但由于他们也的确会带来令人头疼不已的麻烦，甚至在有的时候也会变质成为真正意义上的敌人，因此，我们为之而花费心思和力气，也是很有必要的。

别滥用你的
仁义和善良

农夫和蛇的寓言与东郭先生和狼的故事已经是我们耳熟能详的了。它们带来的启示是：善良和同情一定要分对象，如果施与了恶人，不但不会得到好的回报，反而会反过来被它们所害。

有一匹狼跑到牧羊人的农场，想扑杀一只小羊来吃，牧羊人的猎犬追了过来，这只猎犬非常高大凶猛，狼见打不过也跑不掉，便趴在地上流着眼泪哀求，发誓它再也不会来打这些羊的主意。猎狗听了它的话语，看了它的眼泪，感到非常不忍，便放了这只狼，想不到这只狼在猎犬回身的时候，纵身咬住了猎犬的脖子，幸亏主人及时赶来，才救了猎犬一命，但猎犬流了很多血，它伤心地说："我原不应该被狼的话感动的！"

"妇人之仁"有时可以发挥很大的感化力量，但说老实话，在人性的丛林里，"妇人之仁"有时会成为一个人生存的负担，甚至是致命伤。就这则寓言所叙述的，猎犬因为"妇人之仁"而差点丢了性命！

"妇人之仁"因为容易动摇意志与理性，因此常在放弃自己立场之后，伤害了自己。例如不怀好意的借债者，你在他哀求之后借给他钱，结果却一毛钱也要不回来！也许一个人的恶行会因为你的"妇人之仁"获得宽恕，但有时你的"妇人之仁"不但没有感动他，反而让他有另外的机会犯下更多恶行，对别人造成更多的伤害。

你的"妇人之仁"会成为你的弱点，成为人人想利用的目标，在眼泪、温情、请求、孩子似的无辜与可怜之下，你将成为最大的受害者。你的"妇人之仁"会弄得你周围的人与事是非不分，你的"仁"反而成为人际上、前途上的负债。

因此，有"妇人之仁"不一定是好事，可是，很多男人天生心软，这样的人怎么办？难道注定要在人性的丛林里做个被利用者吗？这种人应该要训练自己的思考与判断，用理性的智慧来指引你的行为，而不要让感情牵动；要经过某种历练，才能成长、成熟和变得越来越果断。

公元前638年，宋襄公攻打郑国，作为郑国盟国的楚国当然不会袖手旁观，楚王派成得臣为大将、斗勃为副将向宋国杀去。宋襄公与司马子鱼紧急研究对策，司马子鱼问宋襄公靠什么取胜，宋襄公回答说："楚国虽然兵甲不足，但仁义有余。从前武王只有三千猛士，却战胜了殷纣王的上万军队，靠的完全是仁义。"

于是，宋襄公在战书的末尾批上十一月初一，双方在泓阳交战。又命令制做一面大旗插在战车上，旗上写着"仁义"两个大字。司马子鱼暗暗叫苦不迭，私下里对乐仆伊说："战争本来就是谋略运用与厮杀，如今却说仁义，我不知道我们国君的仁义在什么地方啊？上天夺去了主君的灵魂，我认为我们已经很危险了！我们一定要小心行事，不使国家灭亡就万幸了。"

楚军成得臣在泓水岸北驻扎，大将斗勃请令说："我军应五更时渡河，以防宋兵布好战阵攻击我军。"成得臣一笑说："宋襄公做事迂腐至极，一点不懂兵法。我军早渡河早交战，晚渡河晚交战，有什么可担心的呢？"天亮以后，楚军才陆续开始渡河。司马子鱼请宋襄公下令出击，并说："楚军在天亮才渡河，过于轻敌。我们应该乘他们没渡完，冲上前去厮杀，是以我们全军攻击他们的部分，如果让他们全部渡过河来，楚兵多我军少，恐怕不能得胜，您看怎样？"宋襄公指着那面"仁义"大旗说："你看见'仁义'二字了吗？我堂堂正义之师，岂有乘敌军渡一半而出击的道理？"司马子鱼暗暗叫苦。一会儿功夫，楚兵全都渡过了河。成得臣戴着精美的帽子，上面扎着玉缨，上身绣袍，外着软甲，腰挂雕弓，手执长鞭，指挥士兵东西布阵，气宇轩昂，旁若无人。

司马子鱼又对宋襄公说："楚军正在布阵，尚未形成队列，现在立即击鼓进攻，楚军一定会大乱。"宋襄公往他脸上吐了一口唾沫喝斥道："呸！你贪图一次冲锋获得的小利，就不怕不配千秋万代的仁义之名吗？我堂堂正正之师，岂有乘敌人没列成阵就进攻的道理？"司马子鱼只能再次暗暗叫苦。

楚兵摆好阵势，只见人强马壮，漫山遍野，宋军人人面带惧色。此时，宋襄公才下令击鼓，楚军中也响起战鼓声，宋襄公自己举着长矛和护卫的官兵催马向楚阵冲来。成得臣见宋兵来攻，暗自传下号令，打开阵门，只放宋襄公一列车马进阵。经过一阵冲杀，宋军大败，那面"仁义"大旗也被楚军夺走。宋襄公身上受了许多伤，右腿中箭，折断了膝中之箭，已站不起身来。幸好司马子鱼赶来，把他扶到自己车上，并且用自己的身体挡在前面，奋勇向外冲出。等到冲出楚阵，护卫的官兵已没有一个活着。宋军的战车兵甲，大部丧失。成得臣乘胜追击，宋军大败。司马子鱼与宋襄公连夜逃回都城，不久，宋襄公伤重而亡。宋兵死的人很多，他们的父母妻子都聚在一起讥讽宋襄公，埋怨他不听司马子鱼的话，以致有此大败。令人可笑的是，宋襄公至死不悟，对于国人的埋怨感叹道："君子不伤别人，不擒拿头发黑白相杂年纪大的人。我要用仁义带兵，岂能仿效这种乘别人危险而行动的事情？"简直迂腐到了极点。

凡是敌人；能俘虏的就应该俘虏，还分什么年纪大年纪小？受了伤的敌人不放下武器，你不杀他难道他也不杀你吗？何况当时宋军正被楚军打得落花流水，哪里还淡得上杀楚军的伤兵和俘虏楚军呢？举国上下，没有不讥笑他的。心慈手软对政治家、军事家来说，都应该算是致命的弱点，是他们失败的一个重要原因。因为他们面对的是你死我活、你上我下的斗争，对敌人的仁慈就是对自己的残忍，这个道理是显而易见的。比如楚汉之争，本来是你死我活的事情，项羽在关键时刻，却来个"妇人之仁"，放刘邦一马，放的结果是虎归山、龙入海，项羽最后只能"霸王别姬"。

仁义和善良不是说不应该有，而是在施与中要认清对象是否值得去给。真正涉世比较深的男人大都懂得把握同情的分寸，不会不分对象不加节制地慷慨付出一切。否则，一不小心，不但自己深受其害，也会使宝贵的善良同情白白浪费掉。

适当做做
恶人也无妨

西方有一条充满哲理的谚语说："要使一条线变短，最简单的方式就是在它的旁边画一条更直的线。"以此类比做人处世，则可发现这样一个道理：要使一个恶人不敢对你作恶，就要做出比他更恶的样子，确实，在世上，虽然不能说是恶人横行，但也总难免碰上坏蛋。有时候，"恶"确实是自我保护的最佳武器，对于男人尤其如此。

有一个无赖，他仗着自己练过几天功夫，会耍几手拳脚，在小镇的农贸市场上为非作歹、为所欲为。最令人气愤的是，他总是拎了这个摊上的鸡，又拿了另一个案上的肉，却总是不给钱。谁要向他讨，他就说先赊着，以后一块儿给。可若有谁真向他讨要时，他便会大打出手，或是想法子弄得你无法在此地呆下去。大家对这样一个无赖可谓敢怒而不敢言。

一次，这个无赖又来到市场上，他走到一个猪肉摊前，点着一块肉要摊主割下来给他，那位摊主也是位青年，听他一说，二话不讲，操起刀就在案子边的条石上霍霍地磨了起来。这个无赖见此，只好站在那等着。此时，摊边上的人开始聚拢过来，一半是看热闹，一半是想亲眼目睹一下这个无赖如何横行霸道。岂知，这位摊主磨了好几分钟还没有罢手。此时，无赖急了，张口就骂，要摊主快点儿。只见这位摊主不紧不慢地应了一声，把磨得雪亮的刀往阳光下一摆，一道寒光直照到无赖的眼睛上去，无赖心中一惊，不由得打了一个冷颤。他又催摊主快割肉，但语气明显缓和了一些。摊主操着刀，对着这个无赖想要的那块肉就砍下去，只听"刷"的一声，一大块肉齐整整的就被割了下来。更令人叫绝的是，也就这一刀，把肉中连着的骨头也一点没碴地砍断了。见此情形，这个无赖心中又是一愣。事情还没有完，摊主把肉砍好之后，并不是像往常那样，把刀搁在案子上就算了，而是出乎意料之外地朝身边几尺远的一块木板上扔去。随着一声响，那把剁肉刀便插在了木板上，与其他几把并排。哦，原来这是他的刀板。同样令人奇怪的是，这个无赖并没有像往常那样，拿起肉便扬长而去，而是叫摊主称了称，乖乖地把钱交了。

究竟是什么力量使摊主在忍让之中征服了无赖呢？人们自然会想到那把刀，以及摊主熟练的技艺。但是，这则故事告诉我们更多的是摊主那威武不屈的神态和玩刀的技艺，虽说摊主并没有说一句话，但他却通过这种无声的语言告诉对方：我也不是好欺负的。很多实例证明，说话办事中，过于老实者未见就能取得好的效果。反之，如果能装一回"恶"，以硬对硬，有些时候还会逢凶化吉。

正常情况下，一个人出门在外，不宜惹事生非，应尽量保持沉稳一些为好。而正是沉稳这个词儿，能够成为一个男人展现自我魅力的窗口。但有些时候、有些地方、有些人正是摸准了人们这一心理，才硬拿不是当理说，目的就是"宰人"。所以，一个男人可以沉稳，但是面对对方野蛮粗俗和无理的冲撞，必须明白要以"恶"碰恶，同时坚持原则，据理力争，绝不能迁就软弱，当公理战胜了歪理的时候，问题就自然解决了。由于处世须立于不败之地的需要，有时即便本来并不恶的人也得故意装出恶人的形象来保护自己。尤其是一个男人出门在外，人生地不熟，如果一脸老实相，看上去毫无保护自己的力量，恐怕就会惹人欺负，但是你一装"恶"，效果也许就不一样了。俗话说："鬼怕恶人"，你仅凭一副"恶"相就会使那些欲行不轨者退避三分了。

没点果断和狠劲，
谈什么克敌制胜

———————•———————

7

有人的地方就有竞争。眼前这个时代，最大的特点就是竞争无处不在。面对竞争，最好的结果当然是双赢。但事实上，只要涉及到实实在在的利益，真正的双赢局面是极其难求的。大多数情况下，输和赢、胜和败是双向选择题。强悍的男人无惧竞争，赢和胜是男人的使命。兵不厌诈，狠一点又何妨，毕竟，克敌制胜才是男人世界的王道。

高手过招
要快准狠

但凡能成就伟业的男人，在与对手过招时，总会拿出"杀手锏"，不给对方任何喘息之机，置对方于死地，出手既准又狠，让人不得不佩服他们的胆略和谋略。他们通过调查、分析，掌握对手的弱点，直接命中对手致命之处或薄弱环节，这是克敌制胜屡试不爽的一种谋略。

提起世界首富比尔·盖茨，就会让人想起"微软暴君"。说他是微软暴君，指的是他把自己的软件解决方案强加于人，并且通过高利贷式的授权协议盘剥着整个世界。

软件业是一块赤裸裸的野蛮之地。只有第一没有第二。因为要立足此地，必须无情地打击对手，灭之而后快。而比尔·盖茨必须要发挥出炉火纯青般的竞争艺术，创造"前无古人，后无来者"的软件奇迹。

这些年来，凡向微软挑战的，比如Sun、甲骨文公司等业界巨子，Lotus、Netscapte等，均被比尔·盖茨用技术"后发"、商业"先发"战略击败或者将其彻底"消灭"。为了构建他的微软帝国，比尔·盖茨不知道吞并了多少家公司，打垮了多少以此为生的人。

有人说比尔·盖茨对软件的贡献，"就像爱迪生对灯泡的贡献一样，集创新者、企业家、推销员和全能的天才于一身。"而Lotus公司创始人米切尔·卡普尔则说："精明干练、飞黄腾达、冷酷无情，是个欺凌弱小的人。"

比尔·盖茨在竞争中只遵守一点：对于对手，如果任其发展，不加制约，其他有限的资本可以形成无限的权力与影响力。不如先下手为强，削弱他们的势力与能力，免得养虎为患，尾大不掉。

创立微软时，比尔·盖茨有一个著名的梦想，那就是要让"每一个办公桌上摆上一台个人电脑"。今天，比尔·盖茨的梦想不仅得以实现，而且是超额实现，不仅办公桌有个人电脑，而且手掌机上也有微软的操作系统。比尔·盖茨在软件行业打造的霸主地位，给硅谷的天才们应该是上了一课，在非营利的纯科技领域，科技天才们尽可以去创新，以获得技术上的"先发制人"，但要在创造利润的商业世界称雄，比尔·盖茨却采用了技术上"后发之势"、商业上"先发制人"的策略，这便是比尔·盖茨技术"后发"、商业"先发"的全面竞争战略。

依照客观规律，如果只有绝对公正的市场规则，而没有相应的调控与平衡机制的话，自由竞争的必然后果就是财富的集中与垄断。而在一切垄断者看来，垄断就是最公正的制度，是自由与正义原则运行的必然后果。显然比尔·盖茨与一切垄断者一样对于自由竞争的态度就是只打算利用它消灭竞争对手，获取垄断利润，决不会无条件的将它奉为至高无上的原则——尤其是为了坚持这个原则，需要他自我克制或者做出牺牲。

微软给人最深的印象就是其好战的本性及一贯咄咄逼人的策略，用比尔·盖茨的话来说："任何会动的东西，都是我们的猎物。"也正是非凡的野心和一往无前的气势，成为微软不断成功的动力源泉。20多年来，微软如同一头风度翩翩的大白鲨，游进了金鱼池中，令对手闻风丧胆。在比尔·盖茨的率领下，不但在原有的业务领域内巩固了垄断地位，也频频开拓出可供占领的全新疆界。

稍了解一点儿微软历史的人都会知道，只要比尔·盖茨看重的业务，竞争对手绝难逃脱，他总能用捆绑免费的办法，让对手死无葬身之地。

对竞争对手的"心狠手辣"，并不足以概括比尔·盖茨的"狼性"。更关键的是，他对自身业务的专注，对战略执行的坚决。比尔·盖茨一做视窗就是N年，虽然从98变动到2000，到XP，其实都是一个东西。

有人说"这个世界对比尔的憎恨是如此普遍，以至于'暴君'所有的公关活动和慈善事业都不能挽回他的形象。"比尔·盖茨之需要敌手就像人们需要水一样。他的公司就是在一连串的圣战中成长起来的，他到处寻找他认为值得打击的敌手，分析之，然后战胜之。

这就是比尔·盖茨强悍的男人作风，正是这样一个狠角色，才让微软在激烈的竞争中屹立不倒，并且强大到令人望而却步。

竞争中
该狠就得狠

竞争中的男人要狠一点，说起来很容易，做起来也很简单，是谁都可以实行的。然而，其精深奥妙之处，却不是随随便便就能了解和实行的。也就是说，在人际交往中，聪明人绝不可将其视作儿戏，须知人外有人，天外有天。狠交法不行便罢，如果行使，就必须无所不用其极，不论何时何地，即使对已经被你打趴下的"穷寇"，也不能心慈手软，杀敌必见血，一定要再加把劲，直到对手永远倒下为止。

20世纪二三十年代，在旧天津的商埠上，有两家老字号的药店。他们同处一条街上，一个名字叫济世堂，另一个名字叫万寿堂。本来他们相互之间井水不犯河水，各做各的买卖，倒也相安无事。谁知到了30年代初，刘可发继承父业，做了万寿堂的老板，他的经商思路和其父亲的大相径庭，他看不惯先父那种保守的经商之道，从价格、品种等方面对济世堂药店展开了全面的攻势，势在一举挤垮"济世堂"，使万寿堂成为独一无二的垄断药店。

生意世家出身的刘老板毕竟身手不俗，凭着自己年轻、敢想敢干，经营上有世家的底功，出手几招，就把"济世堂"搞得非常被动。在"万寿堂"组织的强大攻势下，"济世堂"经营每况愈下，虽然很快就反应了过来，采取了一些补救措施，但已无法挽回败局，终于宣告停业。

刘老板大获全胜，自然趾高气扬，打算大干一场，称雄天津。他哪里知道，"济世堂"并未被彻底击败，也没有到非关门不可的地步，凭实力，"济世堂"也完全可以再与"万寿堂"较量一番。但"济世堂"的老板却没有那样做。他不愿直对"万寿堂"那夺人的锋芒应战，弄个两败俱伤，而是避开"万寿堂"的正面进攻，自己采取以退为进的策略迎接挑战。

　　既然不能与"万寿堂"同街经营，走远一点总可以吧？不久，"济世堂"在远离"万寿堂"的一条街上重新开张了，但铺面已比原来的门面逊色多了。昔日大药店的气派已荡然无存。消息传到"万寿堂"刘老板的耳朵里，他不禁喜形于色："济世堂，你已经被我挤垮了，再也别想回到这条街上来与我抗衡、争地盘、抢顾客了。"得意之余的刘老板，心还不够狠，没有进一步施展杀招，而是放了"济世堂"一马。

　　过了一些日子，"济世堂"的又一家分号开业了，自然是小铺面，也仍然躲着"万寿堂"。有人把这一消息告诉刘老板："老板，'济世堂'又开了一家分号，我看买卖不错，没准是想东山再起，我们不能不防啊！"

　　此时的刘老板仍然做出不以为然的样子："怕什么，那种小药店成不了气候，药店靠的是信誉，大药店才能让顾客放心大胆地买药，我看他们是在一个地方混不下去了，不得已而为之，不用怕。"

　　往后的很长一段时间内，"济世堂"频频开了几家类似的小药店，而"万寿堂"的生意也差不多，两者相安无事，以前抢夺"地盘"的恩怨，似乎已经过去。不料想，三年之后，"济世堂"突然一招"回马枪"，将平静的水面搅浑。"济世堂"出人意料地宣布，自己将在老店旧址重新开业。此前，他们已暗暗从买主手中买回了店址的产权。

　　经过一番维修、装饰，"济世堂"在鞭炮声中重新杀回了"万寿堂"的旁边。"万寿堂"的刘老板听到这一消息，惊骇不已，他没想到被自己已经打趴下的"济世堂"还会卷土重来，给自己造成了放虎归山之患。刘老板想重新组织力量，再像三年前那样发动一次商战，趁"济世堂"立足未稳，把它再一次赶出去。可他很快便发现，这已是不可能了。到这时他才真正了解到"济世堂"在三年中，已经开发了一批分号，形成了一个完整的体系，而在其内部采取统一的经营方针，集中进货，分散经营销售，自然销量大得多。同时，令刘老板吃惊的是，在自己的周围，早已布满了"济世堂"的分号，"万寿堂"已在"济世堂"的层层包围之中。

　　自从"济世堂"总店恢复之后，买卖热闹非凡，十分红火，顾客络绎不绝，接踵而至，再加上分号的销售，每年盈利不少。而"万寿堂"的生意较以前清淡了许多，自有门前冷落车马稀之感。

从上述例子不难看出，当初，万寿堂药店的刘老板心狠手辣，在各方面针对自己的多年伙伴济世堂展开攻击，使济世堂处于劣势之下，好像"穷寇"已逃，然而在对手被打倒之后却心慈手软，没有紧紧地跟踪追击，从而埋下隐患，终尝恶果。

生意场上就是这样，对于竞争对手不能留下机会，因为他的机会就是你的坟墓。实际上在当今社会的市场竞争或个人竞争中的"狠"，已脱离了"心狠手辣"的原意，而是说做事要坚决，要做彻底。因为，胜者只有一个。

在战场上，兵家们运用"穷寇勿追"的策略，有时意在假释敌人一条生路，使对手不再抱定决一死战的决心，而使其抱侥幸的心理逃跑，期望不战而求生。其斗志怠尽，造成对我方有利之战机。而在待人处世中，当你与对手的相互利益发生直接冲突时，必须千方百计地用狠招战胜对方，迫使对手永远放弃竞争。

对于已经被"赶走"的竞争对手，并不能放任不管，也不应放虎归山，而应该紧紧地尾随其后，稍松一些，不过分紧逼罢了。而不紧逼的目的是为了"累其气力，消其斗志"，进而减退其势，达到最后消灭的目的。如果你对已经被"赶走"的竞争对手不能跟随其后，就等于放虎归山，后果将不堪设想，往往等对手喘过气之后还会反咬一口，而这反咬的一口，很可能就是致命伤。所以，竞争中该狠就要狠，即是是穷寇，也要追他到底。

强者善用 "矛"和"盾"

竞争中克敌制胜的招式，出发点应该着力于两方面，一方面要能让自己朝着预定的成功目标贴近，并最终猎取到手；另一方面，就是要保证在这个过程之中，能把各种外来的打击和潜在的危险降到最低。这也正是强者能赢得辉煌战果的原因所在。这种战术将动与静完美地结合在了一起："矛"、"盾"并用，攻守兼备。在人生角斗场上，高手们各显其能，他们用自己的成功结果充分印证了这一策略的"先进性"。历史上这样的实例可谓不胜枚举。

公元前206年，项羽率四十万大军挺进关中，意欲攻下咸阳。这里土地肥沃，是秦王朝的核心地区，所以秦兵把守得很牢。进至函谷关时，他才获悉，刘邦的十万大军早已攻占了咸阳城，并自立为关中王了。因为当时农民起义军领袖楚怀王曾许诺：反秦的起义军中，谁第一个攻下咸阳，谁就为关中王。

刘邦的战绩激怒了项羽。他率兵逼进关中，在鸿门（今陕西省临潼东面）扎下营寨，并宣称要消灭刘邦。这时，刘邦在兵力上处于劣势，不能与项羽对抗。所以他亲赴鸿门想稳住项羽。项羽设宴招待刘邦。席间，项羽的谋士范增示意项羽的堂弟项庄在刘邦座前舞剑，企图乘机刺杀他。因为在范增看来，今后刘邦必将是项羽的劲敌。但由于张良和樊哙的保护，刘邦在终席前以"如厕"为借口，逃离了项羽的营寨。

结果，刘邦把咸阳和关中让给了项羽。项羽则在公元前206年自封"西楚霸王"。他的势力范围在今江苏、安徽、山东、河南地区，并定都彭城（今江苏徐州市）。中国其余地区被分为十八个封地。项羽希望刘邦离他愈远愈好。于是就把汉中封给了刘邦，也就是今四川东部和西部地区以及陕西的西南部地区，再加上湖北一小部。刘邦也就因此获得"汉中王"的称号。自此也就有了汉朝的国号和年号。为了防备刘邦今后有非分之想，项羽把与汉中相邻的关中分成了三部分，分别封给三个秦朝降将。直接与刘邦封地相接的雍王就是原秦将章邯。

这样一来，刘邦不得不离开关中。在从关中迁往汉中途中，他命人将途中的一条一百多里长的栈道烧毁。此举一方面可以防止诸侯，特别是章邯军队的入侵，另一方面也可以迷惑项羽，似乎刘邦再也无意回关中了。

过了不久，还是在公元前206年这一年，没有得到项羽分封的田荣在原先齐国地区起兵反对项羽。刘邦命韩信做好进攻关中的准备。为了蒙骗敌人，韩信派一些士兵前去修复栈道。章邯得知，觉得十分好笑，说："想用这么几个人把栈道重新修好，简直像儿戏一般。"其实韩信并非真的打算从栈道进攻关中。就在重修栈道开始后不久，他已率领刘邦军队的主力从一条小路，即故道（今陕西凤翔西北）迂回到了陈仓。章邯仓促应战，结果大败。

这种做法似乎有明里一套，暗中一套的嫌疑，然而原来就不无残酷的人生战场上，这种以动为"矛"进攻、以静为"盾"护驾的招式，既是颇有实效的，也是不应加以否定的。其实现实中的人情和算计不正是虚虚实实、捉摸不定的吗？如果不能很好地去用适当的策略应对，就会被无情地挤兑出来，更不要说掌控局势，夺取最终的胜利了。

"矛"与"盾"作为人生战场上的一种兵器，不管如何，只要一拿出来，就理所当然地会引起对手的警觉和防备，并且会想尽一切办法被人破解掉。因此，善于将"矛"、"盾"的功效在任何情况下都能发挥出来的高手，往往会制造出一种虚实不定的形势，在对手的不知不觉中，将他的攻击化解掉，而同时又给其以致命的打击。

与狡猾的对手周旋不但要虚招实招并用，而且要"矛"与"盾"齐上阵，攻中有防，防中带攻，虚实相间，攻防结合，才能让对手对自己既无懈可击，又难以招架。

民国骁将蔡锷将军，在与袁世凯斗智中，把虚实相间的矛盾兵法应用得可谓是滴水不漏。

袁世凯窃取革命果实后，想拉态度"暧昧"的蔡锷入伙，便以组阁为由，召其进京。蔡锷抱着放弃主义的态度，整天饮酒狎妓，在八大胡同流连忘返。尽管如此，袁仍不放心，每天都要派密探监视蔡锷的行踪。不久，袁氏称帝，蔡锷内心作痛却不动声色，也欣然劝进，晓谕部下拥戴帝制。蔡锷还整天与袁氏帮凶六君子、五财神、八大金刚等人周旋，甚至帮助筹备登基大典。袁氏疑虑稍减，并拿出巨款收买蔡锷。蔡锷暗中把钱存下以做日后大举经费，表面上更是沉溺于酒色，还经常留宿名妓小凤仙之处，甚至为此闹到法庭要与夫人离婚。

这下子，袁世凯放心了，把密探全部撤掉。对此，蔡锷仍没什么反应，反而整日忙于广置田产，修造房屋，收集古玩，连公府召见也难得一见他的影子。一天傍晚，蔡锷在小凤仙的住所举行宴会，遍请六君子、五财神等人，席间歌声笑语、丝竹齐鸣，加上猜拳行令，谑浪欢呼，一派花天酒地之象。蔡将军大饮大嚼，兴致欲狂，终于酩酊大醉，呕吐狼藉，来宾们也都酒意十足，畅然散去。次日天未破晓，小凤仙推醒蔡锷说："时间已经到了。"蔡将军猛然而起，悄然离去，赴天津，去日本，转道海上至云南。至云南独立，其他各省继起响应，人们方才领悟其深远之计。

蔡锷将军之所以纵情声色，购置田产，与妻子离婚等等，都不过是故意掩饰自己的真实面目，麻痹老奸巨猾的袁世凯，为日后脱身做掩护之"盾"。对此，老奸巨猾的袁世凯毫无察觉，等达到目的后，手中长矛锋芒毕露时，袁氏也只能梦醒无奈，徒然幡悔。

看来，"矛"与"盾"在特定的竞争环境下，也是很需要讲究策略的。因为处于复杂条件下的我们，即使有利矛厚盾，也总是不能随心所欲；很大程度上，对手的实力和"狡猾指数"才是我们灵活运用每一种策略的依据，这一点，在实际运用的过程中是必须加以注意的问题。

机会面前一招制胜，切忌犹豫不决

在竞争中，克敌制胜的机会往往都是一闪即过，所以在机会来临时一定要果断出狠手，当仁不让，一招制胜，切忌犹豫不决。因为这时候的机会一旦失去，往往就再也没有机会了，制胜对手的几率就会大大降低。

唐高祖李渊有四个儿子。长子李建成，次子李世民，三子李元霸（早亡，未及争位），四子李元吉。在这四个儿子中，长子李建成由于排行最长被封为太子，为人也精明能干，次子李世民被封为秦王，四子李元吉被封为齐王，也算勇武超人。不过，战功最多也最有谋略的，要数次子李世民。

李渊还是隋朝官员、奉命镇压农民起义的时候，李世民已明白隋朝必亡的大势。他对父亲李渊说："您受隋帝的命令讨伐贼寇，难道贼寇真的能彻底消灭吗？"在督促父亲反抗隋朝时，李世民又说："今日破家亡国在于你，化家为国也在于你。"足见李世民的雄才大略。公元618年至620年，李世民打败了薛仁杲和刘武周两个强敌，平定了关中和中原地区。公元620年7月，李世民又开始进攻王世充。这时他才不过22岁，却富有政治家的雄才伟略，知人善任，采纳正确的意见，采取了正确的策略，一举击败了王世充和窦建德。后来又成功镇压了刘黑闼等人的起义，最后统一了全国。

太子李建成常随父亲驻守长安，帮助父亲处理军国政务，也算是一个精明强干的人。比起平庸的父亲李渊来，李建成在处理政务上已显示出了才干，但与弟弟李世民相比，却还有很大的不足。李世民南征北战，为统一天下，立下了赫赫的战功，麾下聚集了一批文臣武将，在军政各界享有很高的威望。不但如此，李世民野心很大，他不甘心做一个区区秦王，希望日后能当皇帝。但按照封建宗法制度，继承皇位的只能是太子李建成，况且李建成也算功勋卓著，而且也有很强的势力。这样，一场兄弟之间的争位火并就不可避免了。

从当时形势看，太子李建成处于优势，首先李建成是太子，是长子，名正且言顺，继承皇位是理所当然的事，社会舆论也多在他这一边；其次李建成有李渊的支持，在权力和名义上有可靠的保障；而李世民有文臣武将，私人武装比较强大，也是有利的条件，他本人威望高，群众基础好，富有作战经验，才略出众，更主要的是他手下人既精明强干又齐心合力，因而李世民的力量也是不能被忽视的。

两派力量势成水火，就看谁心狠手快了。齐王李元吉多次蓄谋除掉李世民，皆未成功。而李世民也未示弱，他随后策划了"玄武门之变"。

经过周密策划，李世民在玄武门提前设下埋伏，意图一举除掉对手。

第二天，太子和齐王来到临湖殿前，忽然发现殿角有埋伏的士兵，感觉有变，立即警觉起来，他扯了一下齐王的衣袖，飞奔下殿，上马往玄武门逃跑。这时，伏兵尽起，李世民张弓搭箭，射死了太子李建成，尉迟恭射杀了齐王李元吉。其余太子和齐王的卫士也被尽数消灭。

就这样，太子李建成和齐王李元吉的多次蓄谋化为泡影，而秦王李世民则抓住时机，心狠手快，取得了胜利。

太子、齐王与秦王之间地位、实力相当，实际上谁先动手杀死对手谁便是皇权执掌者。在这一点上，李世民与他的谋臣武士都十分清楚，就是太子、齐王也想先发制人，争取主动权。不过李世民的确比他们高明得多，只有他才真正地巧用了"先发制人"之计。而且，李世民制造了有利的时机，心狠手快，比起太子和齐王的优柔寡断，胜负不就很清楚了吗？

识时务者为俊杰

意气用事，只能进不能退是竞争中的大忌，不识时务只知斗一时之气的男人不会有好收场，失败就是他们的宿命。

真正的男人，在竞争中就像龙一样，能大能小，能进能退，能升能降。大可以兴云吐雾，小可以隐藏于无形；向上升可以升腾于宇宙之间，向下降可以潜伏于大海的深处。

俗话说，形势逼人强，识时务者为俊杰。只能大不能小，只知进不知退的龙，充其量只能算条虫罢了。

《三国演义》里有一个煮酒论英雄的故事。一天，曹操邀刘备入府饮酒。二人对坐，开怀畅饮。酒过三巡，曹操问刘备："你周游四方，一定知道当今的英雄，请简单说一说。"

刘备说了几个人的名字，曹操都摇了摇头。

曹操接着说："所谓英雄，就是要胸怀大志，腹有良谋，有包藏宇宙之机，吞吐天地之志。"

刘备问道："那么谁能称得上是英雄呢？"

曹操用手指了指刘备，又指了指自己，说道："现在天下能称得上是英雄的人，仅你与我两人而已！"

刘备一听，大吃一惊，吓得手中的筷子都掉在了地上。好在此时雷声大作，刘备巧妙地借雷声掩饰住了自己内心的惊恐。刘备为什么会被吓成这样呢？因为他与曹操并不是一条心，他正在韬光养晦，他害怕曹操发现自己的意图。

刘备能够成就自己的事业，当然首先在于他脑中始终藏有一股收拾天下的霸气，这股霸气来自于他跟自己斗着的一口气，也来自于他跟曹操斗着的一口气，这就是做个乱世英雄而不屈居人下。其次就在于他聪明的做事方法，也就是为求存而善于蛰伏。

但是，刘备在这一点上与曹操相比毕竟还稍逊一筹。

刘备历尽艰辛终于有了东西两川和荆州之地。然而由于关羽的失误，荆州被东吴夺了过去，关羽也被杀害。刘备听说之后，悲愤交加，发誓要为关羽报仇，他要起兵伐吴。刘备的这一决定是建立在冷静的心态之上吗？不是。此时，他完全被自己悲伤和愤怒的心态所控制。赵云劝刘备说："现在的国贼是曹操，并不是孙权。曹操虽然死了，但曹丕却篡汉自立为帝，神人共怒。陛下你应该讨伐曹丕，而不应该讨伐东吴。倘若一旦与东吴开战，战争就不可能立刻停止，别的计划就不能实施。望陛下明察。"赵云的这番话颇有道理，确实是审时度势之言，然而，此时的刘备已彻底向心态屈服了，他已不可能审时度势了。他对赵云说："孙权杀害了我的义弟，还有其他忠良之士，这是切齿之恨，只有食其肉而灭其族，才能够消除我心中的仇恨。"赵云又劝说："曹丕篡汉的仇恨，是大家的仇恨；兄弟之间的仇恨，是私人的仇恨。希望陛下以天下为重。"刘备答道："我不为义弟报仇，纵然有万里江山，又有什么意思呢？"刘备已完全失去了理智，完全失去了审时度势的能力。感情用事的结果常常是彻底的失败。

事情是复杂多变的，感情常常左右人们的理智，使人们对复杂多变的形势做出错误的分析和判断。因此，我们说："一个被感情左右的人一定是一个不成熟的人。"此时的刘备就是被感情左右了的人。在心态这一点上，他根本就无法与曹操相比。殊不知，曹操一家也曾被人所杀，他也曾有过切齿之恨。

曹操平定了青州黄巾军后，声势大振，有了一块稳定的根据地，于是他派人去接自己的父亲曹嵩。曹嵩带着一家老小四十余人途经徐州时，徐州太守陶谦出于一片好心，同时也想借此结识曹操，便亲自出境迎接曹嵩一家，并大设宴席热情招待，连续两日。一般来说，事情办到这种地步就比较到位了，但陶谦还嫌不够，他还要派兵五百护送。这样一来，好心却办了坏事。护送的这批人原本是黄巾余党，他们只是勉强归顺了陶谦，而陶谦并未给他们任何好处。如今他们看见曹家装载财宝的车辆无数，便起了歹心，半夜杀了曹嵩一家，抢光了所有财产跑掉了。曹操听说之后，咬牙切齿道："陶谦放纵士兵杀死我父亲，此仇不共戴天！我要尽起大军，洗劫徐州。"

将曹操的遭遇与刘备的情况进行比较，不难看出，刘备仅死了一个义弟关羽，曹操却死了一家老小四十余人，曹操的恨应该更大更强烈。然而，当曹操率军攻打徐州报仇雪恨之时，情况发生了变化，吕布率兵攻破了兖州，占领了濮阳。怎么办？这边大仇未报，那边情况又发生了变化。如果曹操被复仇的心态所左右，那么，他一定看不出事情的发展趋势，也察觉不出情况的危急，就如同刘备伐吴一样。但曹操毕竟是曹操，他是一个十分冷静沉着的人，也是一个非常会控制自己心态的人。正因如此，他立刻便分析出了情况的严重性，他说："兖州失去了，这就等于让我们没有了归路，不可不早做打算。"于是，曹操便放弃了复仇的计划，拔寨退兵，去收复兖州了。曹操的这个决定正确吗？当然正确，因为，这个决定没有受他复仇心态的任何影响，完全建立在自己冷静的心态之上。因此，曹操能够摆脱这次危机，保住了自己的地盘和势力。

　　与曹操截然相反，刘备伐吴的计划完全建立在复仇心态之上。这一心态使他不可能对局势做出客观准确的认识。他没有认识到东吴经营时间已经很长，孙权善用贤人，上下团结一心，绝对不像刘璋之辈那样柔弱；与此同时，北边曹丕虎视眈眈，随时都可能向刘备的蜀汉政权发动攻击，而自己的政权才刚刚建立不久，还需要进一步稳定人心；从大局来看，三国鼎立，魏国强大，蜀吴弱小，只有联吴抗魏，才能长治久安。然而，刘备根本就顾不得这一切，只凭自己复仇的心态而制定实施了伐吴的计划。因此，其失败是注定的。

　　从某种角度看，我们可以这样说，一个男人是能够成为云中龙还是草中虫，是大龙还是小龙，不仅仅是取决于你有无志气，还取决于你做事的策略。该进的时候进，该退的时候退。

面对自以为是之人需修其要害

在人际交往中，人与人之间的较量是很常见的。在较量中，总会碰到一些自以为是的人，他们以为自己的地位、学识等非常有优势，于是自我意识就开始膨胀，不仅极端地蔑视他人，更甚者大肆地攻击、恣意地侮辱他人。对待这样的人，要想让他有所收敛，我们就得拿出"狠"招好好修理一下他不可。对此，以下三条建议可供大家参考：

一、抓住高傲者的弱点，攻其要害处

与傲者打交道，有时必须采取针锋相对的方法，抓住对方之要害给以指出，打掉他赖以生傲的资本，这时对方会从自身的利益出发，只得放下架子，认真地把你放在同等地位上来交往。

1901年美国石油大王洛克菲勒的第二代小约翰·戴·洛克菲勒，代表父亲与钢铁大王摩根谈判关于梅萨比矿区的买卖交易。摩根是一个傲慢专横，喜欢支配人的人，不愿意承认任何当代人物的平等地位。当他看到年仅二十七岁的小洛克菲勒走进他的办公室时，摩根并不在意，继续和一位同事谈话，直到有人通报介绍后，摩根才对年轻而长相虚弱的小洛克菲勒瞪着眼睛大声说："唔，你们要什么价钱！"小洛克菲勒并没有被摩根的盛气凌人吓倒，他盯着老摩根，礼貌地答道："摩根先生，我看一定有一些误会。不是我到这里来出售，相反，我的理解是您想要买。"老摩根听了年轻人的话，顿时目瞪口呆，沉默片刻，终于改变了声调。最后，通过谈判，摩根答应了洛克菲勒提出的售价。

在这次交谈中，小洛克菲勒就是抓住了对方的弱点：摩根急于要买下梅萨比矿区，给以点化，从而既出其不意地直截对方的要害，说明问题的关键；同时也表现出对垒的勇气和平等交往的尊严，使对方不得不放下架子认真地平等地交谈，于是交际进程就变成了坦途。

二、揭他的老底，以此将其制服

英国驻日公使巴克斯是个傲气十足的人，他在同日本外务大臣寺岛宗常和陆军大臣西乡南州打交道时，常常表现出对他们不屑一顾的神态，并且还不时地嘲讽寺岛宗常和西乡南州。特别是每当他碰到棘手的事情时，他总喜欢说一句话"等我和法国公使谈了之后再回答吧！"寺岛宗常和西乡南州商量决定抓住这句话攻击一下巴克斯，使其改变这种傲慢十足的行为。一天，西乡南州故意问巴克斯："我很冒昧地问你一件事，英国到底是不是法国的属国呢？"

巴克斯听后又挺起胸膛傲慢无礼地回答说："你这种说法太荒唐了。如果你是日本陆军大臣的话，那么完全应该知道英国不是法国的属国，英国是世界最强大的立宪君主国！"

西乡南州冷静地回答说："我以前也认为英国是个强大的独立国，现在我却不这样认为了。"

巴克斯愤怒地质问道："为什么？"

西乡南州微笑着说："其实也没有什么特别的事，只是因为每当我们代表政府和你谈论到国际上的问题时，你总是说等你和法国公使讨论后再回答。如果英国是个独立国的话，为什么要看法国的脸色行事呢？这么看来，英国不是法国的附属国又是什么呢？"

傲气十足的巴克斯被西乡南州这一番话说得哑口无言。从此后他们互相讨论问题时，巴克斯再也不敢傲慢十足了。

西乡南州抓住其语言上的漏洞所展开的攻势取得了令人满意的效果。任何人都不可能是十全十美的，都难免有自己的漏洞，而傲慢者一般都未发现自己的弱点，而别人一旦抓住其弱点攻击，使其看到自己的弱点，也就瓦解了其傲慢的资本，这样对方就会被巧妙地制服了。

三、设置难题，难倒这高傲的家伙

一些人目空一切，自以为知识多，阅历深，根本就瞧不起别人，表现出一股不可一世的傲气。对付这种傲气者只要巧妙地设置一个难题，就可抑制其傲气。因为不管其知识多么丰富，阅历多么广泛，在这个大千世界里毕竟还是有限的。当他突然发现自己也存在着知识缺陷，其傲气自然就会烟飞云散了。

在一次国际会议期间，一位西方外交官非常傲慢地对中国一位代表提出一个问题："阁下在西方逗留了一段时间，不知是否对西方有了一点开明的认识。"显然，这位外交官以为自己对西方了解很多，以傲慢的态度嘲笑中国代表。中国代表淡然一笑回答道："我是在西方接受教育的，四十年前我在巴黎受过高等教育，我对西方的了解可能比西方人少不了多少。现在请问你对东方了解多少？"而对中国代表的提问，那位外交官茫然不知所措，满脸窘态，其傲气荡然无存了。

显然，中国代表所提出的问题，那位自以为知识丰富而满身傲气的外交官是无法回答的，因为他不了解东方的情况，因此不但没有显示出自己丰富的知识，反而暴露了自己的无知，因此，还有什么傲气可言呢？

无疑，巧设难题抑制傲气者，所设置的难题一定要是对方无法回答的问题，因为只有这样，才能暴露对方的无知或者缺陷，从而挫其傲气。如果设置的问题对方能够回答，这样不但不会挫其傲气，相反地更会助长其傲气而使自己更处于难堪的境地。

聪明之人懂得 "明" "暗" 皆备

男人之间的相处，自然免不了明争暗斗，然而最后获胜的总是那些身怀"绝技"的高明之士。观其所采取的招术，无非是巧用心计，声东击西，即假装瞄准一个目标，煞有介事地佯攻一番，其实心底里却在暗自瞅准对方不留心的靶子，然后伺机施以致命打击。有时它似乎不经意间流露出自己的心思，实际上这是在骗取他人的注意和信赖，目的在于适当时机来临时突然一反常态、出奇制胜。

在人际交往中，如果一个人，与你争夺同一个职位时，面对二选一的局面，此时，聪明人的选择就是：明的不行来暗的，绝对要狠下心来为你的发展扫清障碍。历史人物中赵高整李斯的做法，虽为小人之举，但却能给人不少启示，各位不妨仔细研读。

沙丘政变后，赵高的阴谋一步一步地实现，篡权夺位的条件逐渐成熟，现在，剩下的最后一个、也是最大的障碍，就是沙丘政变的同盟者李斯。

李斯一直是赵高的一块心病，因为他知道赵高的一切阴谋，而且他本来就是反对政变的。李斯是一个很有政治经验、位居丞相的人，随时都有可能除掉赵高。所以，必须先发制人，置李斯于死地。于是，赵高想出了暗吹阴风、借刀杀人的阴谋诡计。

一天，赵高诡诈地对李斯说："关东群盗蜂起，可皇上根本不把这事放在心上，反而急于征调役夫修筑阿房宫，采办聚敛那些狗呀马呀之类无用的东西。我想劝谏他，可是人微言轻，恐怕起不了什么作用。这些其实是您当丞相分内的事，您为什么不去劝谏一下呢？"李斯不知是计，非常赞同赵高的意见，说："本来我早就想进谏。可是现在皇上不上朝，居于深宫之中，很难找到进言的机会。"赵高见李斯上了圈套，就说："如果您真想进谏的话，我给您留意着，等皇上一有空闲，我就来通知您。"

赵高在二世拥姬挟妾、玩乐正浓时派人通知李斯说："皇上正有空闲，可以去奏事了。"李斯赶紧去求见，结果引起了二世的反感。一连几次都是这样，惹得二世大怒，说："我平常有很多空闲的日子，丞相却不来奏事，偏偏当我玩得高兴的时候，丞相就来奏事，莫非丞相以为我年轻好欺吧！"赵高乘机向二世进谗言说："丞相要是这么想的，那就危险了。丞相参与了沙丘之谋，现在陛下已做了皇帝，李斯的地位并没有提高，他的意思是想裂土封王啊！另外，还有一件事，今天陛下不问，我一直没敢说：丞相的长子李由为三川郡守，造反的陈胜、吴广等都是丞相邻县的人，这正是楚地强盗横行的缘由。陈胜的军队经过三川时，李由不肯出击。我听说他们之间还有文书往来，因为现在没有拿到实证，所以一直没敢奏闻。况且丞相在外边的权力，比陛下还要大啊！"二世认为赵高说得有道理，想治李斯的罪。

赵高先把李斯拘捕起来，投入狱中。随即又把李斯的宗族、门客及凡与李斯有交往的人统统收捕归案。赵高用重刑逼供李斯，要他招认与儿子李由谋反之情。李斯被鞭打一千余下，疼痛难忍，便招了假供。此时的李斯还幻想着以雄辩之才，向二世上书自陈，企图以自己为秦国所建立的功劳和实无反叛之心来打动二世，赦免自己。他在狱中写了一封自辩书，托狱吏上达二世，狱吏却送给了赵高。赵高一看，大发雷霆，把上诉书扯个粉碎，说："囚犯怎么能上书呢！"

不过，李斯的上书反倒提醒了赵高：倘若二世真的派人来审问李斯，他肯定会翻供的。于是，赵高又想出一条诡计：他让自己的门客假扮成御史、侍中的样子，轮番去审讯李斯。李斯不知其中有诈，就以实情相告，结果每次都遭到残酷的拷打。后来，秦二世派人来核实李斯的供词，李斯以为这又如前几次一样，始终没敢改口，承认了谋反的罪名。赵高把这份供词上奏给二世，二世看后非常高兴地说："如果没有赵高，我几乎被李斯所卖！"

这样一来，李斯便被定成死罪。秦二世二年（公元前208年）七月，处决李斯，腰斩于咸阳，夷灭三族。临刑前，李斯凄楚地对他的二儿子说："我们再也不能牵着黄狗上蔡东门外去追逐狡兔了！"父子二人抱头痛哭。然而，这一切已悔之晚矣。精明过人的李斯却死在了心狠手辣并且擅于玩弄权术的赵高之手。

　　需要指出的是，赵高是典型的小人，这是无容置疑的。面对残酷的竞争，赵高的做法虽然可以适当的借鉴，但作为一个男人一定要光明磊落，决不能以赵高卑劣的品性为榜样。

[被小人陷害
需策略对之]

在职场的竞争中，由于某些疏忽，而在不经意间得罪了自己的上司是在所难免的事。有些小肚鸡肠的上司可能会因此在日后给自己小鞋穿，这的确是一件令人窝火和委屈的事。在这种情况下，应该采取一种什么样的态度呢？如果说就此与上司大吵大闹一番，尽管可以出一口恶气，但并不能解决根本问题，以后他可能还会给你穿小鞋儿。聪明人在反击之前，必须首先弄清楚上司的做法是否真是给你小鞋穿。

如果上司是在给你"合理"地穿小鞋，他的做法也就是有理有据的。在这种情况下，你很可能找不出理由去与他争吵。如果你去闹，他也完全可以用非常冠冕堂皇的话来打发你，甚至以无理取闹来批评或惩罚你。所以，在这种情况下，就只有暂忍一时，等找到证据再说。

如果你有明确的证据表明上司给你小鞋穿，而且，他的做法也表现得十分明显。这时，你便可以与其理论一番。你可以先个别找他谈一回，表明自己的态度。假如他依然坚持自己的做法，执意不改，那么，在适当的场合，就有必要把事情给予充分的曝光。这样做，可以把事情公诸于众，把矛盾公开化让群众评理，同时也表明你的态度，给上司一种压力，使他不敢轻易地给你小鞋穿。但是，这样做就等于是将你与上司的矛盾公开化，很有可能对以后产生对自己不利的影响。

那么，怎样才能彻底制服给你穿小鞋的上司呢？狠一点的招法就是：想方设法找到他的软处，在需要的时候随时准备踢过去，让他老老实实，不敢给你穿小鞋儿。

例如，你发现该上司的婚外情，并且掌握了确切的证据，先不要公开揭发，而是采取含糊的说法，用他能够听懂的言辞当众指出："有的上司在男女关系问题上很不严肃，我手里有事实，如果这位上司不改正自己错误的话，我将公开这些事实，如果敢对我打击报复，我就向上级反映。"

俗话说，做贼心虚。这位上司肯定会被吓住的，不但不敢再排挤打击你，而且也会大大收敛他的不轨行为。

任何人都有不愿让人知道的隐秘，都怕自己的隐秘暴露在光天化日之下，特别是不怎么光彩的事，更是害怕别人知道。因此，制服对手的最好方法，莫过于找准他的"软肋"，适当地时候抬抬脚，作出要踢的样子，让他的歪心不敢使。

这就是以黑制黑，对付给你穿小鞋的上司一个非常灵验的窍门儿。

不过，在应用这一招时，除了要具备聪明办事的基本功之外，还要特别注意保密。换句话说，就是对你找到的"死穴"一定要保好密，而且最好仅限于你一人知道。千万不能在众人面前公开他那个"死穴"，因为"死穴"之所以能为你所用，就在一个"隐"字上，一旦公开了，由"隐"变"阳"，也就失去了原有的利用价值。因为，你掌握的秘密被公开以后，他很可能会破罐子破摔，毫无顾忌地对你进行报复，那就太划不来了。所以，你只能以能够使你们彼此都明白的方式闪烁其词。

这一招尽管看起来有点损，但也是形势所迫，不得已而为之，做为一种自保策略可以适当运用，切忌用此招无缘无故地加害于人。

棋逢对手，应付有招

在与人竞争的过程中，要想克敌制胜，首先要看清对手的真面目，摸准他的脾性，以此为参考，选择相应的策略。对手不同，策略不同，什么样的对手用什么样的策略，这是一个最基本的指导方针。

现实中的人大致可以分为四种：内方外方，内方外圆，内圆外方，内圆外圆。和这四种人交往，应根据其秉性灵活应对。

第一种是内方外方的人

典型代表：宋朝包拯，明朝海瑞。

内方外方的人喜欢直来直去，行事坦率，不会拐弯抹角迎合他人。但他们很讲原则，刚正不阿；办事认真，敢做敢当。

同内方外方的人打交道，首先要以诚相待。他们也乐于和直爽的人交往，不喜欢那些口是心非、阳奉阴违、表里不一的人。其次也要讲究委婉。内方外方的人喜欢直来直去，往往不加变通，常常会使人难以接受。但一想到他们绝无恶意，就大可放心。再次与他们交往也要灵活应对，免得硬碰硬、方对方，伤了和气。

第二种是内方外圆的人

典型代表：洞明世事的诸葛亮、谦虚自律的曾国藩、汉初张良。

当直来直去会伤害别人的自尊心时，当方方正正不能达到满意的效果时，有些人会采用变通的策略。明明是正确的，应该义无反顾地坚持，但因为坚持的阻力太大，就采取了灵活变通的手法。他们将高度的原则性和高度的灵活性完美地结合在一起，是一种高超的谋略。这些人，就是内方外圆的人。他们洁身自好,处世练达。既有原则性,又有灵活性。在复杂的人际、利益关系中,往往游刃有余。

同这种形态的人物交往,首先要谦恭有礼、不卑不亢。内方外圆的人虽然表面随和,但内心却是厌恶粗鲁,仇视邪恶,无礼之人是不能和这类人结为至交的。如果想缩短同这类人的心理距离,就必须表现出你的积极、健康、向上的交往心态。耻于见人、低三下四的言行举止,尽量在这些人面前少出现,如此,才能得到这类人物的认同。其次要进退有度,内方外圆的人,即使对他人相当反感,也不会把不满情绪表现在脸上。他表面上对你很友好,但他的内心究竟如何却使你琢磨不透。因此,同他们交往,要讲究分寸,把握适度,不要因为他的脸上挂着微笑,就得寸进尺,忘乎所以。

第三种是内圆外圆的人

典型代表:秦桧之类、三国曹操、清朝和珅。

生活中,有些人长于研究"人事",偏重于个人私利。内圆外圆的人与内方外圆的人不同点是,他们一般不会同情弱者,救济穷人,甚至为了私利,还会算计人、歪曲人。这种人的代表,当属一些市井无赖,街头小人。由于他们缺少顶天立地的气概,而一旦得志,就会危害巨大,不得不防。

同这种形态的人交往,首先要心存戒备。由于他们内心深处并无什么必须遵守的做人规则,所以,可能干出表面华丽亮堂、实则损人利己的勾当。对他们的不当做法,应该明确指正,不要因为太爱面子,便不好意思将实情说出口,使自己受委屈,其次要保持距离,有所提防,不要过于相信他们。内圆外圆的人非常清楚自己的缺点,所以也害怕别人不讲义气,不守诺言,因此,和这样的人打交道,要清楚地示意他们:如果你讲信用,那么我就守诺言。在这种做法引导下,能够使他们在正确交际轨道上行驶。

第四种是内圆外方的人

典型代表:罩着金色光环的贪官、奸臣、伪君子。

内圆外方的人内心黑暗,表面大度,满口仁义道德,实际上一肚子男盗女娼。因为搞言行两张皮，玩弄两面术，所以极具欺惑性。

对于内圆外方的人，不能被他们的表面所迷惑，要注意弄清他们内心深处的真实面目，做到心中有数。由于他们嘴上一套，心里一套，所以和他们打交道，既不能不听他们说的，又不能完全相信他们说的。如何交往，运用什么策略，采用什么方式，说出什么内容，要根据当时情况灵活变通，切不可被他们的"精彩论述"迷住了双眼，进入了死胡同。与这类人交往，首要的任务是根据各个方面的信息，分析出他的真实内心，然后再对症下药，巧妙引导。如此的话，就能够把他们带到正确的交往轨道上来。

懂得借力，开创新路

在竞争中，真正高手都善于"借力"，借对手的力量，再加上自己的力量，这样一来，自己尚未出手，而力量已经大增。真正善借他人之力成己之事者，其借力的形式不拘一格，常能出人意表，独创出一条借力新路。

世界上就有这种事，本来作为生意场上的对手，他急切地盼望你的失败，盼望你失败后像仆人一样拜倒在他的脚下，给他一个毫不留情地拒绝你的机会，然后心安理得地拿走本该属于你的利润。但是有时对手也会成为你的帮手，只要你掌握借力的诀窍。

当失败的阴影笼罩在希尔顿正在建造的一座饭店上时，他却审时度势，施展高明的强借术，硬是让对手掏钱帮他完成了工程。

希尔顿在建造达拉斯希尔顿饭店时，这个饭店的建筑费用要100万美元，而他当时并没有这么多钱，所以开工后不久，就没有钱买材料和交付工钱了。

希尔顿想了一个奇招，他决定去拜访地产商杜德，也就是那个卖地皮给他的人。

希尔顿找到他后，开门见山地说："杜德，我没有钱盖那房子了。"

"那就停工吧。"杜德毫不在意地说，"等有钱时再盖。"

"我的房子这样停工不建，损失的可不是我一个人。"希尔顿故意顿了一下，才接着说道，"事实上，你的损失将比我还要大。"

"什么？"杜德眼睛瞪得像铃铛，不相信自己耳朵似的，"你这话是什么意思？"

"很简单。如果我的房子停工了，你附近那些地皮的价格一定会大受影响，如果我再宣扬一下，希尔顿饭店停工不盖，是想另选地址，你的地皮就更不值钱了。"

"怎么，你想要挟我。"

"没有人要挟你，我只是就事论事。"

“可是，你是没有钱才……”

“没有人知道我会没钱。”

“我会告诉他们的。”

“没有人会相信，我现在已拥有好几个饭店，规模虽都不算大，但名声却不坏。相信我的人一定比你多。同时我做的生意交际广，认识的人也比你多。”

这番话使杜德动容了，说话的气势小多了。“咱们无怨无仇，你何苦跟我过不去。”

“为了希尔顿饭店的名誉，我不得不出此下策。”希尔顿的态度也变得很委婉，“我总不能让大家知道我穷得连盖房子的钱都没有吧。”

“可是，绝不能为了你自己把我也给害了。”

希尔顿故意皱着眉头，沉思一会儿后说：“我倒是有个两全其美的办法，不知道能不能行？”

“什么办法？”

“你出钱把饭店盖好，我再花钱买你的。”杜德张嘴欲言，希尔顿用手势止住他，接道：

“你别急，听我把话说完。你出钱盖房子，我当然不会亏待你，就等于是你盖房子卖。最主要的是，饭店的房子不停工，你附近那些地皮的价格就会上扬。我如果再想个办法宣传宣传，你的地皮不是价钱更好了吗？”

虽然这是希尔顿耍的手段，但实情也确是如此，无奈之下，杜德只好答应了他的条件。

1925年8月间，达拉斯希尔顿饭店开张了。这是一家新型大饭店，也是希尔顿饭店进入现代化的一个起点。

希尔顿让地产商按照他的设想把房子盖好，然后又让地产商以分期付款的方式卖给他。这种借人之力的手法，运用得非常巧妙，并且对手毫无还击和讨价还价的余地。我们在实际的工作生活当中，也可以适当的借鉴一下这种竞争策略，在自己的力量不足以成事的情况下，看有没有其他的力量可借，如果有，就多动动脑子，只要手法用到位，就没有借不来的东西。

祥顺其意是一条
重要的应变之术

在竞争中，势均力敌的情况是非常少见的，大多数情况下总是一方的力量大于另一方，要么是敌强我弱，要么是我强敌弱。如果恰巧碰到敌强我弱的情况，硬拼是很不明智的，这时候采取将计就计后发制人的策略是非常不错的选择。

将计就计的基点，是对对手的谋略有了充分的认识和了解，然后，佯顺其意，在对手的计上用计。

公元前506年冬，吴军在孙武、伍子胥等指挥下，千里迂回，从楚国防御薄弱的北部边境深入楚地。吴军进至大别山一带时，先派先锋夫概出兵挑战，击溃了迎战的楚军。此时，孙武分析楚军主帅子常有侥幸取胜的心理，判断其必定在夜间前来劫营。于是，将计就计预先做了部署。果然，楚军想乘吴军立足未稳，夜袭吴军大营，这正好中了孙武的圈套。经过一场激战，不仅偷袭吴营的楚军被击溃，而且，楚军大本营也被伍子胥、夫概等事先安排的兵将所劫。

公元412年，刘裕想剪除政敌刘毅，但一直没有好的办法。突然，刘毅上表请求调其本家兄弟、兖州刺史刘藩到江陵充当他的副手，刘裕觉得这是一个极好的机会，于是，刘裕将计就计，答应了刘毅的请求。当刘藩到石头城（江苏南京）拜辞时，刘裕将其抓了起来，投进了监狱。随即命手下部将王镇恶率领一支精兵，打着刘藩的旗号，以赴任为幌子，混过了刘毅下属的关卡，偷袭江陵，最后除掉了刘毅。

将计就计不仅在军事上被广泛运用，在政治斗争中，也是一条重要的应变之术。

201年，曹操掌权不久，急需人才，便召司马懿出来做官。司马懿看出汉朝已国运衰微，朝权已落入曹操之手。他是大士族的后裔，而曹操乃宦官之后代，他不愿屈节事曹。于是，他以患风病不能起居为由，拒绝应召。曹操马上怀疑司马懿是借口推辞，对己不敬。为此，曹操派人扮作刺客前去查验。一天深夜，刺客悄悄潜入司马懿的卧室，暗中观察，见司马懿果然直挺挺地躺在床上。刺客仍不放心，挥刀向司马懿劈去。刺客暗想，司马懿如果是装病，见到利刀夺命，一定会匆忙招架。可是，司马懿只是睁开眼睛瞅了瞅刺客，身子仍然像僵尸一样一动未动。刺客这才信以为真，收起佩刀，回去向曹操禀报。其实，司马懿在刺客潜入卧室之时就已察觉，并且猜到是曹操派来打探其病况的。他十分清楚，如不露马脚，定会安然无恙；若露出破绽，必然死在刺客刀下。所以，司马懿将计就计，演出了这场惊险剧。年轻的司马懿蒙蔽了身经百战、向来机警的曹操，确非常人所能为之。

在现实生活当中，碰到某些不太聪明的人想用一些不太高明的手法制服你，你大可不必惊慌，不妨将计就计，利用他的手法反过来制服他，这样一来，就可以让他毫无还手之力，并且输得心服口服。

可智取时
不要硬碰硬

双方在剑拔弩张的时候，应尽量避免作正面的主力攻击，可以考虑从对方的背后下刀，断其后援，使其失去作战的基本保障，从而将对手打败。

运用这一策略的时候，必须有狠一点的手腕，可以从挖对方"墙脚"开始，从根本上削弱对方战斗力，从而改变力量对比，所以，在西方的商业竞争中，一些高明的商人经常使用这类花招。

1953年夏，一艘当时世界上最豪华的游艇驶进了沙特阿拉伯的吉达港，这艘名为"克里斯蒂娜"的游艇，谁都知道是希腊船王奥纳西斯所有。奥纳西斯夫妇既非度假旅游，也非到麦加朝圣，他们来沙特阿拉伯究竟为什么呢？

"我们应该想到奥纳西斯在觊觎阿拉伯的石油，否则他到吉达一事就无法解释。但是他将怎样对付拥有开采那里的石油垄断权的阿美石油公司呢？"美国《华尔街日报》这样猜测并提出了问题的关键。

众所周知，沙特阿拉伯享有大自然赐予的得天独厚的宝贵财富——石油。1953年，世界石油总产量为6.5亿吨，而沙特阿拉伯就占了4亿吨，而且每年增长5千万吨至1亿吨。

西方实业家嗅到了这巨大财富的气息，争先恐后地来到这阳光炙人的国度，意在争取沙特石油的开采和运输权。但阿美石油公司和沙特国王早就订有明确的垄断开采石油的合同：每采出一吨石油，给沙特相当数目的特许开采费，石油采出后，由阿美石油公司的油船队运往世界各地。阿美石油公司的这堵高墙，严密地保护着它的特权，几乎连一点缝隙也没有。其他公司只好望洋兴叹，含恨而归。然而奥纳西斯在设法搞到合同复制件后，经过仔细研究，却发现合同并没有排斥沙特阿拉伯拥有自己的油船队来从事石油的运输。

　　这不是阿美石油公司严密防守的高墙的缝隙吗？而且正是奥纳西斯完全有能力钻进去的缝隙。石油不运出沙特阿拉伯就不能获得它应有的市场价值。因此只要设法垄断沙特阿拉伯石油的海运权，形势就会对阿美石油公司大为不利，从而可以迫使它转让出部分股份，奥纳西斯就可以实现他直接插手石油业的愿望了。

　　带着美好的憧憬，奥纳西斯在吉达港一下船，就直奔沙特阿拉伯首都利雅得，到王宫作了一次"闪电式"的访问。他和年迈的国王作了长时间的密谈。

　　"德高望重的国王啊，安拉将人间的财富赐给您，您为什么不想法把您应得的钱再提高一倍？阿美石油公司把您的石油开采，通过运输又赚到两倍的钱。您为什么不自己买船运输呢？阿拉伯的石油理应由阿拉伯的油船来运输啊！"

　　听了船王这番话，国王由惊愕变得兴奋……

　　几个月后，奥纳西斯和沙特阿拉伯国王签订了震撼世界企业界的《吉达协定》。协定规定：成立"沙特阿拉伯油船海运有限公司"，该公司拥有50万吨的油船队，全部挂沙特阿拉伯国旗。该公司拥有沙特阿拉伯油田开采的石油运输垄断权，该公司的股东是沙特阿拉伯国王和奥纳西斯。

　　协定的签订宣告了奥纳西斯的成功。这个协定一旦全部实行，沙特阿拉伯和奥纳西斯各自想得到的都将得到，阿美石油公司却将遭到致命的打击，锅底燃烧正旺的柴被抽走了，锅里的水还能开吗？

　　奥纳西斯在沙特阿拉伯以"闪电外交"击败世界最大的石油公司——阿美石油公司，靠的就是背后下手的策略，首先找到对手的弱点，成功地攻击对手的生命线。

　　每个人在现实生活当中都有可能遇到强大的对手，这时候不要和他硬碰硬，聪明人应该懂得，无论他多强大，都有他赖以生存的底牌，把这张底牌找出来并抽掉它，再和他斗智斗勇，就容易得多了。

不言痛，不放弃，
再大的逆境也能挺过去

8

所谓男人本色，总是在经历过几番大风大浪之后才能够尽情展现。苦难造就天才，压力制造成功，绝境产生奇迹。男人的荣耀不在于永不失败，而在于跌倒后再爬起来，不言痛，也不言苦，狠狠心，咬咬牙，义无反顾地爬起来，每一次的爬起都是坚强的意志的提升，每一次爬起来，就又是一条精壮魁梧的汉子。

不屈不挠
应对人生逆境

刚毅的品质是男人魅力的象征，刚毅体现男人的狠，这种狠势必扬弃盲目的追求和取舍，让男人的思想更深刻、心灵更坚韧、品德更高尚。

帕瓦罗蒂的高音自然、完美，为世人皆知，但大家也许不知道，正是帕瓦罗蒂身上的那种刚毅的品质才成就了那样的天籁之音！

他是一个从小生长在家境十分贫寒中的苦孩子，有一个做面食师的父亲，雪茄厂做工人的母亲，收入的微薄却从未动摇过一个孩子对歌唱的执着。

声乐课后的帕瓦罗蒂还要做每个月仅8美元的家教，这对他是杯水车薪。于是他又做保险，却又因此导致声带受损，无法发音。这对于他无异于雪上加霜。疾病几乎令他怯步！但他的骨子里却一直涌动着顽强不息的斗志。

痊愈后的帕瓦罗蒂开始在意大利一歌剧院演出。他备受排挤、压制，表演的机会少得可怜，但他始终没有放弃潜心苦练。1963年世界著名指挥家冯·卡拉发现了这个人才。在1970年《军中女郎》的一个咏叹调，他以一连串爆发9个高音C的奇迹，征服了美国音乐人赫伯特·布莱斯林，同时也征服了世界。一个穷孩子成长为男高音歌唱家，靠的就是与困境进行顽强斗争的精神。

弥尔顿有句名言："谁最能忍受苦难，谁的能力最强。"乘风破浪，顽强拼搏。苦难或许是上帝送给人最好的礼物，通过艰苦磨炼才会产生不屈不挠的人。

苦难往往是经过化妆的幸福。"黑暗并不可怕。"一位波斯圣哲说。苦难往往是令人心酸的，但它是有益于身心的。不屈不挠的人是自信的，他的人生字典写满成功；不屈不挠的人是刚强的，他总有一个支撑自己的精神支柱。最高尚的品格是不屈不挠磨炼出来的，一颗坚韧而又刚毅的心灵从炼狱般的锻造所获取的要比从安逸享受产生的成功多得多。

同一种命运，对刚毅的人和懦弱的人会有不同的结局。懦弱的人屈从命运，刚毅的人用不屈不挠的精神改造命运，锻造人生。

杰克·拉斐尔是美国著名的电视节目主持人，曾经两度获奖，在美国、加拿大和英国每天有800万观众收看他的节目。可是他在30年的职业生涯中，却曾被辞退18次。

刚开始，美国大陆的无线电台都认为杰克的主持风格不能吸引观众，因此没有一家愿意雇用他。他便迁到波多黎哥，苦练西班牙语。有一次，多米尼亚共和国发生暴乱事件，他想去采访，可通讯社拒绝他的申请，于是他自己凑够旅费飞到那里，采访后将报道卖给电台。

1981年他被一家纽约电台辞退，无事可做的时候，他有了一个节目构想。虽然很多家广播公司觉得他的构想不错，但还是没有公司愿意雇用他。最后他终于说服了一家公司，受到了雇用，但他只能在政治台主持节目。尽管他对政治不熟，但还是勇敢尝试。1982年夏，他的节目终于开播。他充分发挥自己的长处，畅谈7月4日美国国庆对自己的意义，还请观众打来电话互动交流。令人想不到的是，节目很成功，观众非常喜欢他的主持风格和方式，所以他很快成名了。

当别人问他成功的经验时，他发自内心地说："我被人辞退了18次，本来大有可能被这些遭遇所吓退，做不成我想做的事情。结果相反，我让它们鞭策我前进。"

正是这种逆境中的刚毅，这种不屈不挠的性格使杰克在逆境中避免了一蹶不振、默默无闻的一生，走向了成功。

跌倒了躺在地上
是没有任何机会的

　　人生的道路不可能永远一马平川、一帆风顺，总有摔跤、跌倒之时，意外的打击总是难免的。但不管你是什么样形式的"跌倒"，不管你跌得怎样，是男人就一定要记住：跌倒了，一定要爬起来！

　　为什么强调一定要爬起来，主要有以下几个理由：

　　1. 人性是看上不看下，扶正不扶歪的。你跌倒了，如果你本来就不怎么样，那别人会因为你的跌倒而更加看轻你；如果你已有所成就，那么你的跌倒将是许多心怀妒意的人眼中的"好戏"。所以，为了不让人看轻，保住你的尊严，你一定要爬起来！不让他人小看，不让他人笑看。

　　2. "跌倒"并不代表永远不起，但你先得爬起来，才能继续和他人竞逐，躺在地上是不会有任何机会的，所以你一定要爬起来。

　　3. 如果你因为跌重了而不想爬，那么不但没有人会来扶你，而且你还会成为人们唾弃的对象。如果你忍着痛苦爬起来，迟早会得到别人的协助。如果你丧失"爬起来"的意志与勇气，当然不会有人来帮助你，因此，你一定要自己爬起来！

　　4. 一个人要成就事业，其意志相当重要。意志可以改变一切，跌倒之后忍痛爬起，这是对自己意志的磨炼，有了如钢的意志，便不怕下次"可能"还会跌倒了。因此，为了你以后漫长的人生道路，你一定要爬起来！

　　5. 有时候人的跌倒，心理上的感受与实际受到伤害的程度不一样，因此你一定要爬起来，这样你才会知道，事实上你完全可以应付这次的跌倒，也就是说，知道自己的能力所在。如果自认起不来，那岂不浪费了大好才能？

　　总而言之，不管跌的是轻还是重，只要你不愿爬起来，那你就会永远丧失机会，会被人看不起。所以你一定要爬起来，重新站立起来。就算爬起来又倒了下去，至少也是个勇者，绝不会被人当成弱者。

至于跌倒了应在哪里爬起来，有人说"在哪里跌倒，就在哪里爬起来"，其实也不尽然，你也可在别的地方爬起来！

"在哪里跌倒，在哪里爬起来"是不逃避失败的一种态度，同时也可让同行的人了解"我某某某起来了"！但你必须先确定你走的路是对的，如果跌倒之后，发现原来是走错了路，也就是说，你走的是一条不能发挥你的专长，不符合你性格的路，如果是这样，为什么不能在别的地方爬起来呢？事实上，就有不少人做过很多事，最后才找到适合他的行业。而且，只要能够成功，谁在乎你是从哪里爬出来的？

顾影自怜
只能前途迷惘

事业不顺、婚姻不顺、生活不顺……，这种种的不顺谁都可能遇上。这时，身为一个男人，千万不要顾影自怜，自怨自艾，觉得自己是世界上最倒霉的人。如果这样做，结果就会很容易地把原本真实、坚强的自己掩盖起来。

如果你与生俱来的音乐天赋外加你在钢琴上下了10年的苦功，使你成为大众公认的音乐家了，你用你音乐的才能，赚到了进大学的费用；你在大学医科选定了外科的专业，专心研习，希望将来在社会上对于患病的人是一个良好的服务者，同时，你又热心地希望用音乐做你的副业，而对于人类也有服务的机会。然而你正在这样热心地期待着将来的事业成功的时候，你不幸地遭遇车祸，你的双手被撞坏，在你的专业与爱好上都无法发挥作用。这时候，你该怎么办呢？

倘若你除音乐的才能之外，还有演说才能，当对外科与音乐都绝望时，你日夜训练，使自己成为一个演说家、教育家。经过几年的训练和研究之后，你居然做到了，并且赚了很多钱，却在这时候，你又得了严重的胃溃疡住进了医院。经过半年多的时间，病虽然好了，但大病初愈还须休养才能恢复。这时候，你又该怎么办呢？

以上的两个问题，都是梅森先生亲身经历的。

上天既赋予梅森先生音乐和演说的才能，同时又赋予他不屈不挠的精神，所以他虽在这两种悲惨的情形之中，却从没有过自暴自弃的念头。虽然在这两种情形之中，他也曾有过失望，这正如一个人倾尽所有投资于一家工厂，等到工厂要开工的时候，正与保险公司洽谈的过程中，忽然半夜被人唤醒告之，他所有的一切都在半夜的火焰里化为灰烬的情形一样。

但是，自怜是于事无补的，在这个时候，他得到了在小时候曾经发生过的一件事情的帮助。他在幼小的时候，他母亲先患伤寒，继之肺炎，最后又患脑膜炎。医院和医师的记录可以证明在医学史料中，他的母亲所经过的昏迷状态算是时间最长久者之一。他希望母亲醒过来，认得他，可母亲一直没有知觉。有一天晚上，父亲先后请来了几位医师，都说母亲的病无望了。将近半夜的时候，他们的家庭医师告诉父亲说，母亲的生命维持不到天亮了，让父亲预备后事。他听到这悲惨的消息大叫一声，跪在父亲的脚边，抱着他的踝骨哭了起来。他的父亲立即抱起他来，要他站着，父亲看见他站也站不住只是哭个不休，于是正色地望着他，对他说道："儿啊，这是人类不得不勇敢地站起来去对付的困难事件之一。"

梅森先生在儿童时期，父亲曾多次对他加以体罚，想给他生活上的教训，但是，在他一生所受到父亲的许多积极的教训之中，无过于在母亲的性命垂危的那夜所得到的了。

隔了13年，他被汽车撞坏了双手，对于他理想中的前途完全绝望，他的心不知不觉回到了母亲临危的那天夜里，竟忍不住哭了起来。但是他的耳朵里忽然听到父亲的声音："儿啊，这是人类不得不勇敢地站起来去对付的困难事件之一。"

多少年以来，梅森先生到处演说，到处播音，他曾遇到了很多的男女老少来他这里畅谈他们的不幸和悲伤，其中有许多人说："实在没办法了，我只得预备自杀！"但是，真的没有办法了吗？事实上不过是人行甘心自弃罢了！掀掉这个自我怜悯的假面具你会发现：还有一个比自己想像得更坚强的自己。

培养你的
受挫承受力

　　人生的道路本来就是坎坷不平的，对所有的男人来说，失败就是一件十分正常的事情，锻炼自己对失败和挫折的心理承受力是男人一生当中最重要的任务。

　　人人都有失败，在人生的旅程上，有谁是一帆风顺的呢？富人们的成功也是历尽了不计其数的坎坷才苦尽甘来的。没有那数不尽的经验总结，成功从何而来？因此，成功是建立在无数次失败之上的。为什么有些人能取得成功，而有些人却一辈子都是平凡的人呢？他们的区别就在于：在失败面前，弱者一味痛苦迷惘，畏缩不前；强者却坚持不懈地追赶失败后的成功，这才有了贫富之间的差距。

　　世上的事并不是说你有信心去做，就会成功的。俗话说：失败是成功之母。没有失败的教训，哪会有成功呢？平凡的人不能被失败吓倒，要勇于向失败挑战。假如一次失败了，便情绪低沉，一蹶不振，那又怎么能成功呢？摔倒了固然痛苦，但成功只属于那些失败后也会昂首挺胸的人。

　　人，只有坚守信念，才能守得云开见月明！只有彻底击败心底的溃退，才能走向成功。不要被挫折击垮，也不要被失败吓倒，更不要蹉跎在过去的岁月当中。人，只有经得起挫折，才能真正成为掌握命运的强者，真正的强者是永不言败的。强者在挫折面前会愈挫愈勇，而弱者面对挫折会颓然不前。

　　每个人都有遇到挫折时，有些人或许会想：我是平凡人，我失败了就一无所有了。这种想法是错误的，假如你因一时受挫，而对自己的能力产生怀疑，进而形成一种压力。那么，你一辈子就只能是平庸之人。

　　在当今社会中，人大约可以分为两种。第一种是在人生的道路上停步不前或缓缓地徘徊。这种人不会经历失败，也没有成功，但假如一辈子都这样过，这就是一场失败的人生。与这样的人讨论失败的问题就没有意义了。第二种人向着目标一直前进，这样就难免失败，在失败面前，他们依然昂首挺胸向前走，他们所走的每一步也就成了成功的记录。作为平凡人，你当然应该选择做第二种人。

假如要向目标一直前进下去，就应该善待失败。当一个人在路上摔了一跤时，他有两个选择：第一，倒在那里不走了，这一生就失败了；第二，站起身继续走，这种选择就是一个成功，站起来又是一个成功，再走出一步，后面还有无数个成功。平凡人就应该走第二条路，在哪里跌倒就在哪里爬起来，这才是强者的选择，这样才能走向成功。

失败是人生的熔炉，它可以把人烤死，也可以使人变得坚强、自信。平凡人如果曾经在失败面对昂首挺胸，在你年迈时，你也可以自豪地对自己的子孙后代说："我曾在失败面前昂首挺胸。"

失败是一道靓丽的风景线，是经受夭折的玫瑰。遭受台风的果园虽令人无奈，但它却有无限的幽香。失败是枫叶，虽然被秋风扫落，却被热血渲染。失败是成功路上层层的山峦，汹涌的浪涛，人只有走过沟坎，才会到达成功的彼岸。

人更不能抱怨生活给了你太多的磨难，也不必抱怨生命中有太多的曲折。大海如果失去了巨浪的翻滚，就会失去雄浑；沙漠如果失去了飞沙的狂舞，就会失去壮观；人生如果仅去求得两点一线的一帆风顺，生命也就失去了存在的魅力。人生就是由无数个失败才走向成功的，少了失败的插曲，成功也是没有任何意义的。

失败是一道菜，一道难以下咽的苦菜，因为你穷，所以你要把它吃下去。当朋友离你而去，当苦苦追求的梦想屡受挫折，你便知道了人间的苦涩。你徘徊，你失落，甚至想死，但你还是不能放弃。当你昂首挺胸地把失败这道菜吃下去时时，你就会意识到，失败不过是酸甜苦辣的人生中的一碟小菜，并没有你想像的那么难吃。

人在失败时一定要昂首挺胸，同时也要学会主动与他人交往。遇到挫折而气馁的人，常常垂头是失败的表现，是没有力量的表现，是丧失信心的表现。成功的人、得意的人、获得胜利的人总是昂首挺胸，意气风发。昂首挺胸是富有力量的表现，是自信的表现。人失败时的昂首挺胸，也是维护其自尊的表现。

凡是真正大的智慧，往往源于失败的教训。古今中外，大多数成功者都经历过失败，可贵的是他们的勇气。马克·吐温经商失意，弃商从文，结果一举成名。因为他曾经微笑地面对过失败。

巴尔扎克说："世界上的事情永远不是绝对的，结果因人而异，苦难对于天才是一块垫脚石，对能干的人是一笔财富，对于弱者是一个万丈深渊。"只要在失败中吸取经验教训，体会方法，思考原因，这样，我们才会变得成熟，才会成功。

因为平凡，在激烈的竞争求职面前，或许你会无能为力，于是你失败了；在汹涌的经济大潮面前，你无能为力，于是你又失败了；在日益巨大的社会压力面前，你无能为力，于是你还是失败……失败把你压得喘不过气来，失败把你折磨得心力交瘁。

你失败了，于是你感到无助、胆怯、彷徨……面对接连的失败，你也许会受不了打击，不知道该怎么办。英国著名演讲家布朗曾说过："失败只是一次经历，而绝不是人生。"

失败并不可怕，只要你找出失败的真正原因，以一颗积极的心态去善待失败，那么，失败就会远离你！但是，如果你不敢接受失败，一味逃避失败，在失败面前总是寻找一些客观的理由，那你就犹如掉进万丈深渊，你的生活就会灰暗一片。

当你不断失败时，你也正在不断接近成功。失败一次，你就得到一次失败的教训，你就知道了下次该怎样去做。人生旅途本来就是崎岖不平的，你不能因为一次失败就停滞不前。失败犹如沼泽地，你越是不能很快地脱身，它就越可能把你陷住，你也就越陷越深，直至不能自拔。此时，最关键的就是要立即昂首挺胸地从失败的漩涡中跳出来，不管花费多大的代价！因为只有跳出来，你才能看到一望无际的蔚蓝天空。

人类从猿到人，直立起来行走，在这个过程中失败累累。如果一失败就不再昂首挺胸，那至今还只能是猿。人之所以有作为，皆因在失败之后仍毫不气馁，能昂首挺胸继续走自己的路。

每个人的生活工作，每项改革创新的事业，对每个参与者来说，都存在着同样的失败的可能。区别仅在于：对待失败的态度不同。有的人在失败面前低下了头，弯下了腰，失败真成了"失败"，成了永远记录在案的"失败"。相反，在失败面前昂起头挺起胸来，则失败不过是走向成功的一个必经阶段。成功不属于懦弱者，只属于愈挫愈战、越战越勇的勇敢者。失败和成功一样，都是我们人生的宝贵财富。

一个真正的男人能够昂首挺胸去面对失败，这是自信，是清醒，是情操，也是男人的境界。不要为一次次的失败而懊丧，失败后应该勇敢地站起来，更深入地思考，更顽强地探索，昂首挺胸向前走，相信最后的成功一定会属于你。

别被失败
吓到一蹶不振

战场上没有常胜将军，然而，想要做事的人是绝对不会承认自己失败的，这次败了，下次一定要找回来，如果你管理着一个公司、一个部门，则更需要这种不怕失败的精神，越败越要战，越战越要勇。

一个公司的管理者若被失败吓昏了头脑，那么就谈不上合格的管理者了。怎样度过失败呢？

市场风云多变，谁也没有"百战百胜"的绝对把握，就连那些老手也常常出现一些失误，甚至失败，何况刚刚涉足商场、白手起家、初创事业者呢？失误、失败并不可怕，关键在于如何从失败中奋起，反败为胜。在商场跌倒了爬起来，才算好汉，爬不起来，恐怕就会掉在债坑里，更不用说赚钱发财了，而且将越陷越深，不能自拔了。

在市场经济的大潮中，败军之将，可以言勇。经营者一走上市场，都想发家致富赚钱发财，但变幻莫测的市场上，任何经营者不可能总是十分顺利，也有失败的时候，一个真正的经营者不应该被失败吓倒，而应该从失败中总结经验教训，继续进行自己的事业，那么就一定会取得成功。

要有失败的心理准备，以自己的安定、镇静来应付竞争对手的喧哗和失败的袭击，这是一种很高明的谋略。

当失败不期而至时，令人惊慌，惊慌使人失措，失措则乱中添乱，如雪上加霜，其结果只能走向更大的失败。一个公司的负责人若被失败吓昏了头脑，那么就谈不上组织有效的反败为胜，本来可以好好地利用的力量无法形成一个整体，一盘散沙自然抵挡不住来势汹汹的洪流，手足无措之中，未经细细思索，拿不出切实可行的应付方法，失败就如同滚雪球，越滚越大。

一旦面临危机、遭受失败，无论影响有多么严重，都要正视现实。应该说，危机与失败对人的心理冲击往往是很强烈的。商家面对危机与失败的第一个考验就是对心理冲击的承受力的考验。据心理学家分析，人在遭受挫折打击的时候，常见的心理包括：震惊、恐惧、愤怒、羞耻、绝望等。这些都是极为不利的心理因素，如果陷于心理挫伤的泥坑里不能自拔，那就会在失败中越陷越深，以致走向毁灭。所以，要警惕这些失败心理的影响。面对危机与失败，要有正确的认识和健康的心理。

宋代苏轼在《留侯论》中说："天下有大勇者，猝然临之而不惊，无故加之而不怒。"也就是说，在事变突然降临时，总是不惊慌失措，对于无故而来的侮辱，也不会大发脾气，能够自制自强，控制自己的惊恐和愤怒，这才是大智大勇的体现。古往今来，许多政治家、军事家、老板、谋略家都把处惊不变、镇定持重视为修养的重要内容。

当商战中面临危局和压力的时刻，管理者同样需要这种沉着冷静的心理品质。人在危急时容易恐惧、紧张、行为失措。而一旦冷静下来，你的智慧就会"活转"起来，帮你寻找到摆脱危机的办法。

要做到沉着冷静，就要摆脱和消除面对压力而产生的急躁不安、焦虑、紧张的情绪。混乱和捉摸不定以及缺乏驾驭局面的自信心，是引发焦躁的原因。所以，要摆脱焦躁的方法就是认清危机情势，找到解决办法，强化心理素质。

人生的道路处处有风险，在创业的过程中，事事如意，样样顺心的情况是罕见的。失败并不可怕，可怕的是你被它所吓倒，从此一蹶不振。

在绝望之中
奋起努力

每个人心目中都有不同的上帝。因为你心目中的上帝，是随你所愿而创造出来的。在你乞求上帝帮助的时候，实际是借助这样一种信仰的形式，获得一种力量。很多时候，你所求的上帝不过是你自己。在艰难时刻，只有自己才可以救你自己。

人不能没有信仰。因为没有信仰的人，就失去了力量的源泉。

信仰不一定是宗教。更多的，却是宗教之外的信仰。我们把它简化成日常用语即：成功、理想、目标等。

当你有了人生的目标后，你就产生了一种信仰，就会用毕生的精力去为实现这个目标而努力。

当你遭受到巨大挫折，跌入走投无路的境地时，你的信仰就会及时现身，不遗余力地拯救你。

因为他不是别人，就是你自己。

人在陷入困境后，往往是一无所有，甚至连一个肯帮你的人都没有。这时候的你，除了生命尚存在之外，仅剩下的只有一条信念：只有自己才能拯救自己。

依赖和乞求都是没用的。人类的动物本能决定了人都是自私的，这种自私表现在很少有人会去为另一个人去做出更大的牺牲。同时这种自私也造就了个体的自救能力：只要是自己的事，只要是关系到自己的生死存亡的时候，人就会拼死一搏，奋起自救。

别人也许会在危难时刻帮助你，但是你不能把别人的帮助当作是你获救的唯一希望，因为你可能会失望。关键时刻，你必须依靠自己。

如果你总在指望别人全力以赴拯救你，就会使你失去自救的机遇，同时也会抵消自救的力量。人只有确保自己是安全的，才能够向别人表现自己的同情心，如果自顾尚且不暇，自然就没有更多的余力去兼顾他人。在这样的时刻，你不能够怪别人抛下你不顾，逆境中自己拯救自己，才是真理。

保罗的工厂宣告破产了，他丧失了所有的财产，成了一个名副其实的穷光蛋，只好四处流浪，像乞丐一样生活着。他无法面对残酷的现实，心里沮丧透了，他想自杀。

一天，他去见牧师。"也许这是最后的一线希望了！"他这样想，在牧师面前他流着泪，将自己如何破产、如何流浪的生活给牧师细说了一遍，诚恳地请求牧师给予指点，帮助他东山再起。

牧师望着他，沉默了一会儿说："我对你的遭遇深表同情，也希望我能对你有所帮助，但事实上，我也没有能力帮助你。我不过是个牧师啊！"

保罗的希望像泡沫一样全部破碎了。他脸色苍白，不停地自语道："难道我真的没有出路了吗？"

牧师考虑了一下说："虽然我没办法帮助你，但我可以介绍你去见一个人，他可以协助你东山再起。"

"这个人会是谁呢？他真的有神奇的力量让我重振雄风吗？"保罗满腹狐疑。

牧师带领保罗来到一面大镜子前，然后用手指着镜子中的保罗说："在这个世界上，只有这个人能够使你东山再起，你必须首先认识这个人，然后才能下决心如何做。在此之前，你不过是一个没有任何价值的废物。"

保罗向前走了几步，怔怔地望着镜子里的自己，用手摸着长满胡须的脸孔，看着自己颓废的神色和迷茫的双眼，他不由自主地抽噎起来。

第二天，保罗又来见牧师，他几乎是换了一个人，步伐轻快有力，双目坚定有神，他说："我终于知道我应该怎么做了，是你让我重新认识了自己，把真正的我给唤醒了。我已经找了一份不错的工作，我相信，这是我成功的起点。"

爱默生说："千万不要绝望，即使绝望了，在绝望中仍要继续做下去。"

首先，你要做到，无论遇到什么样的打击都不要陷入绝望之中。当然，很少有人能做到这一点，那么退而求其次：在绝望之中不要放弃努力，或者干脆利用绝望之下的拼搏排除心中的绝望情绪。

其实这并不难，因为生存的理想要求你必须做下去，你什么都可以拒绝，但你不能拒绝生存。

生命因理想而变得富有意义和生机。

没有理想的生命，无异于行尸走肉。

理想是跨越绝望重围的唯一跳板。

英国史学家卡莱尔费尽心血，经过多年的努力，总算完成法国大革命史的全部文稿，他将这本巨著的原件送给他的朋友米尔阅读，请米尔批评指教。

隔了几天，米尔脸色苍白，浑身发抖地跑来，他向卡莱尔报告一个悲惨的消息。原来法国大革命史的原稿，除了少数几张散页外，已经全被他家里的女佣当作废纸，丢入火炉化为灰烬了。

卡莱尔非常失望，因为他呕心沥血所撰写的这部法国大革命史只有一份原件，当初他每写完一章，随手就把原来的笔记撕成粉碎，所以没有留下来任何记录。这就是说，他的全部心血已经化为灰烬了。

第二天，卡莱尔重振精神，又买了一大叠稿纸。他后来说："这一切就像我把笔记簿拿给小学老师批改时，老师对我说：'不行！孩子，你一定要写得更好些！'"

所以我们现在读到的《法国大革命史》，是卡莱尔重新写过的。

我们要感谢那女佣人，因为卡莱尔的重写稿注定要比第一稿好的多。另外，她给我们制造了一个传奇神话，让我们领略了一个意志顽强的人，是怎样在痛苦的绝望之中毅然决然地从头开始。

那不是几天，几个月可以完成的工作，而是艰苦漫长的多年时间。

消灭病毒的唯一方法是：以毒攻毒。

排除绝望的方法也只有一条：在绝望之中奋起努力。

不经历磨难哪能
成就更好的自己

困难是人生的一种历练，没有哪个男人能不经历任何困难就取得成功。在走向成功的道路上，我们不得不付出很多的汗水，不得不经历很多的困难和挫折。很多人在困难和挫折面前退缩了，放弃了，甚至结束了自己的生命。严格地讲，这并不是一个男人的所作所为。

纵观那些成功者，他们成长的经历中也不乏一些困难、挫折，比如说那些大公司的经理、老板、政府的高级官员以及各方面的佼佼者，他们很多都是来自贫寒的家庭、破碎的家庭、偏僻的乡村甚至是贫民窟，所受的教育是最差的，生活质量也是最差的，甚至很多人所经历的困难比任何人都大：曾经付出了血的代价。但是这些人最终成功了，即便曾经摔倒过，但是他们爬起来了，继续前进，继续往前冲刺。

阿利克斯•哈利一直梦想成为一名自由撰稿人，为了这个梦想，他离开了已经工作了20年的海岸卫队来到了纽约。他租了一间储藏室来居住，这间小屋又阴又冷，而且没有浴室，但他并不在意这些，于是就在这里开始了他的写作生涯。

一年时间很快就过去了，哈利在写作上仍然没有一点突破，他有些怀疑自己的能力了，推销一篇作品是那么困难，挣的钱仅够勉强糊口，但哈利仍然坚持他多年的梦想，继续为之奋斗。即使前面等待他的是无数次的失败和坎坷，哈利都一直坚持着。不仅如此，他还开始总结经验，并且开始售出一些文章。他的名气开始慢慢地大了起来。后来，哈利开始写一些大家所关注的问题，比如说民权、美国黑人等等，他独到的见解和分析赢得了大家的眼球。

随后，在写作的刺激下，哈利的思绪也回到了他的童年，在他那件狭窄的小屋里，哈利仿佛又听见了长辈们讲述其家族和奴隶制度的故事，但是这些故事都是美国黑人所忌讳谈及的，哈利想来只能把它们埋在心底。有一天在和一些编辑们吃午饭的时候，哈利告诉他们，他想写一部家族史，从他的家族中被贩运到美国的第一代人写起。就这样，午饭后他拿到了一份合同，他们保证给哈利9年的生活费用，让哈利专门从事这方面的写作。坚持终于让他获得了成功，他的作品《根》发表了，一瞬间，哈利便获得了几乎是空前的声誉。

现实生活中和哈利一样经历困难的人很多，哈利只是其中一个非常普通的代表。但是从他身上，我们看到了一些成功的希望：知道了在经历困难的时候该如何挺住困难的袭击；知道了如何让困难变成成功的跳板，在血与泪的缝隙中寻找胜利的曙光。

那么在困难来临的时候，我们该如何挺住呢？

正确评估困难。困难有大有小，在面对困难的时候一定要正确地评估这些困难，到底有多大，到底需要多少毅力才能克服，只有这样才能更好地克服它。那些轻言放弃者，那些轻易退缩者之所以没有胆量挑战困难，很大一部分人就是过分地夸大了困难的难度，比如说只不过是渡过一条小溪的困难，在他们看来就有跨越长江、黄河般的困难。

对待困难，只有三个字：不要怕！困难像弹簧，你弱它便强。在做什么事时，如果困难是来自自己，那就要战胜自己，将事情按部就班地做下去。比如，学习知识，哪里不行就从哪里开始。总之，就是要想尽办法学好它。自己实在解决不了时，也可以寻求帮助。

对待挫折，还有三个字：不要悔！人生做错事，就像下棋走错步一样，是不可避免的。我们应该从中汲取教训，一味的自责于事无补。

对待解决困难的任何事情，同样有四个字：立即行动！每天都要有计划，将计划写到纸上，或者写在自己的小本子上，做完一件勾掉一件，每天都要做完当天的事情，今日事，今日毕。正所谓，不用扬鞭自奋蹄。

事实上，困难本身并不可怕，可怕的是不敢去面对，不愿意去面对，这是做男人的死穴。如果没有挺住困难，那么你就意味着失去了一切，相反，如果你挺住了，那么你就等于战胜了一切，得到了一切！

自暴自弃只能
陷入恶性循环

在生活中，有很多这样的男人，因为境遇不佳，他们终日消沉懈怠、不思进取，最终陷入自暴自弃的漩涡不能自拔。这些人的思想和生活中充满了失意和空虚，没有一丝阳光和半点绿意。生活带给他们的不是美好的享受，而是可悲的痛苦。他们在抱怨生活的同时，失去了对生活的激情，总是怀着得过且过的心理去混工作，去混生活，去游戏人生。在这样一个自暴自弃的恶性循环中，他们不知不觉地失去了再学习的机会，失去了被提升的机会，失去了挣钱的机会，最终也就失去了走出失意的机会。

一位商人在路边看到一个衣衫褴褛的乞丐在推销铅笔，顿生一股怜悯之情，于是顺手把一元钱丢进乞丐的怀中，就走开了。但他又忽然觉得这样做不妥，就连忙返回，从那人手里取出几支铅笔，并抱歉地解释说，自己忘记取笔了，希望他不要介意。最后他说："你跟我都是商人，你有东西要卖，而且上面有标价。"数月后，在一个社交场合，一位穿着体面的人迎上这位商人，并自我介绍："你可能已经忘记了我，我也不知道你的名字，但我永远忘不了你。你就是那个重新给了我自尊的人，我一直觉得自己是个推销铅笔的乞丐，直到你走来并告诉我，我是一个商人为止。"

因商人一个小小的举动，乞丐意识到了自己的尊严和价值，从此改变了自己的一生。当一个人点燃了自尊之火，自卑的荆棘将被焚烧殆尽，从而摆脱卑微，去证明自己绝不是一个弱者。

实际上，对于一个男人而言，任何的自食其力都比无所事事甚至卑微地乞求更好。唤醒了潜藏和沉睡的自尊，我们就获得了重新积聚力量的机会和重新审视、评估自己的能力，从而以积极的心态去做改变命运的努力。

　　大部分的人，他们并不是缺少才能，也不缺乏天赋，他们缺的是认识自己和开发自己的勇气和力量。他们常常这样想：我的祖父是这个样子，我的父亲是这个样子，我理所当然也是这个样子。如果每天都用这样的声音告诉自己，那么我们心里残存的理想和抱负，甚至那一点自尊就会被一点点地吞噬，剩下的只有唉声叹气、自怨自艾。

　　怎样从自暴自弃、消极沉沦中走出来？海伦·凯勒，一个耳朵不能听、眼睛不能看、嘴巴不能说的女子，却成就了非凡的教育事业；身残志坚的美国前总统罗斯福，凭借着顽强的毅力，连任十三年总统，成为一代典范政治家。他们之所以没有因缺陷而沉沦，就在于他们能够面对现实，不花一分一秒的时间去责怪别人，埋怨上天、父母或自怨自艾，而是努力让自己身上仅存的优点变成优势，并发挥得淋漓尽致；他们在"改变"以后，都极虔诚地热爱生命、了解生命的本质，换言之，是生命的光热帮助他们走出自暴自弃的阴影，克服障碍，跨越世俗的成功。

　　每个男人的身上都蕴藏着巨大的能量，同时也蕴藏着信心，而平凡者往往并不知道自己有多大的能力。如果把自己身上的信心挖掘出来，相信自己的才能，并不断努力的话，你潜在的能量就一定会被挖掘出来。并使你的人生变得无限光明，最终做出一番令人赞赏的业绩。

　　人在步入社会之后，不可避免地要遭遇困难和挫折，这正是考验你自信心的时候。假如你面对这些困难和挫折能够从容不迫、沉着冷静，那么在以后的人生道路上就没有什么可以阻止你的了。但假如你被它们吓倒了，那就只有失败的结局了，因为从来没有一个缺乏自信的人会取得成功。假如你感到自己的信心不足，那就一定要让自己站起来，加强培养，只有这样，才能使你身上的潜能得到释放，并坚定不移地去实现你的目标，最终获得成功。

　　生活不可能永远壮阔，但倒下还是站立，却反映了我们内心的选择！站起来，不仅是一种姿势，更是一种尊严，一种精神，一种使命，一种属于男人的人生态度。

［自强不息，
苦难才会黯然失色］

在困厄中徘徊犹疑的男人，只有用钢铁般的性情隐忍地跋涉，才能让一切苦难在你面前黯然失色。成功者之所以成功，失败者之所以失败，原因就是骨子里是否有那种自强不息的刚毅。

"不经战斗的舍弃是虚伪的，不经劫难的超脱是轻佻的，逃避现实的明哲是卑怯的；中庸、苟且、小智小慧，是我们的致命伤。"不经受苦难的创痛，生命难以圆满；不克服人生的平庸，凡夫俗子难以成就完美灿烂的人生。刚性的人生弥漫着一种不折不扣的意志力，一种向命运抗争和挑战的精神，预示着对生命的征服。

生活中，很多男人常常因为勇气不足，而主动放弃了对远大目标的追求。自叹"时运不济"，自认倒霉。在打击和磨难面前，仅仅停留于无休止的叹息，这只会削弱你和厄运抗争的意志，使你在无可奈何中消极地接受现实。

怨天尤人，诅咒命运，这又是一种态度。现实终归是现实，并不因为你埋怨和诅咒它而有所改变。从埋怨和诅咒中得到好处的人却从来没有。事实上在诅咒之中，真正受到伤害的并不是诅咒的对象，而只是诅咒者自身。

鲁迅说得好："伟大的胸怀，应该表现出这样的气概——用笑脸来迎接悲惨的命运，用百倍的勇气来应付自己的不幸。"生活中遭遇到不幸的人，就应表现出鲁迅说的那种"伟大的胸怀"：以隐忍锻造刚性的人生，以刚毅的精神同厄运斗争。征服了厄运，你就会赢得命运的垂青。

客观世界不断地向前发展，社会不断地前进，因此每一个人都应该不断地加强自我，不断地更新自我。正如文天祥所说："君子之所以进者，无法，天行而已矣。"

前苏联火箭之父齐奥尔科夫斯基（1857～1935）10岁时，染上了猩红热，持续几天的高烧，引起了严重的并发症：使他几乎完全丧失了听觉，成了半聋。他默默地承受着其他孩子的讥笑和无法继续上学的痛苦。他的父亲是个守林员，整天到处奔走。因此教他读书写字的担子就落到妈妈身上。通过妈妈耐心细致的讲解和循循善诱的辅导，他进步得很快。可是当他正在充满信心地自学时，母亲却患病去世了，这突如其来的打击，使他陷入了极大的痛苦。他不明白，生活为何如此艰辛？为什么这么多的不幸都落到了他的头上？他今后该怎么办？父亲抚摸着他的头说："孩子！不要气馁，一定要有志气，靠自己的努力走下去！"是啊！学校不收，孩子们在嘲弄，今后只有靠自己了！

年幼的齐奥尔科夫斯基从此开始了真正的自学道路。他从小学课本、中学课本一直读到大学课本，自学了物理、化学、微积分、解析几何等课程。这样，一个耳聋的人，一个没有受过任何教授指导的人，一个从未进过中学和高等学府的人，由于始终如一的勤奋自学、刻苦钻研，终于使自己成了一个学识渊博的科学家，为火箭技术和星际航行奠定了理论基础。

这告诉人们，只有自强不息的人才能最终走向成功。

18世纪，天花这种可怕的瘟疫在欧洲和亚洲蔓延着。在英国，几乎每个人迟早都会传染上这种病，许多成年人的脸上和身上都有天花留下的难看的疤痕。成千上万的人由于病情严重而变成瞎子或疯子，每年死去的人不计其数。

免疫法的发现者英国的琴纳（1749～1823），当时还是位年轻的医师，他立志向天花宣战。他在家乡伯克利行医时，发现牧区挤奶女工从来不患天花。原来她们在挤牛奶时，无意中接触了患天花的奶牛的脓浆，传染上了牛痘，手上便长出了小脓疮。开始时稍感不适，但很快就好了，以后就再也不患天花了。琴纳由此产生了一个大胆的设想，用人工接种牛痘，预防天花。

在动物身上做实验成功了，在人身上种牛痘会不会有危险呢？决心为人类解除天花危害的琴纳，决定拿自己的儿子作为人工接种牛痘的第一个试验者。这个想法马上招致了他的妻子、亲属和朋友们的反对，说他发疯了，这样会害死孩子的。琴纳忍受着亲友们的责难，果断地把痘浆种到了儿子的胳膊上。几天以后，儿子度过了微微的不适而安然无恙。两个月后，他又把天花病人身上的浓液种到了儿子的身上。忧虑难熬的日子，一天又一天、一个星期又一个星期地过去了。

儿子一直没有被传染上天花。妻子的脸上露出了笑容，琴纳更是欣喜若狂。

但是，琴纳的研究不仅没有马上得到社会的承认，反而引起了一场轩然大波。教会散布言论说，以牲畜的疾病来传染人是"亵渎上帝"的行为，"接种牛痘是魔鬼的诺言"。许多报纸鼓吹种了牛痘会使人身上长出牛角，发出尖利的声音，甚至耸人听闻地说，儿童种了牛痘，全身会长出牛毛，面孔会变成牛的模样，像牛一样咳嗽，眼睛像公牛一样斜着看东西。一些受了蛊惑的人，包围了琴纳家的房子，向屋内扔砖头，谩骂并拦截就诊的病人。

这时候，琴纳的妻子站了出来，坚定地支持丈夫的研究。她鼓励并随同丈夫到伦敦去请求著名科学家的帮助与支持。为宣传和推广牛痘接种法，使更多的人尽早免于疾病的折磨，她拿出了家里的积蓄，帮助琴纳出版了《接种牛痘的原因和效果的调查》。最后，真理终于战胜了邪恶，琴纳赢得了承认和称颂。

无数的事例证明，男人一旦拥有钢铁般的性情，就可以战胜一切艰难险阻，任何困难和挫折都不能阻止他们前进的脚步。忍受压力而不气馁，勇于知难而进，这是一个男人立足于世间，打开人生新局面的终极武器。努力锤炼性格的刚性，这样就能更好地适应社会的发展，在充满竞争的社会中始终立于不败之地。

感情面前，
不做逃兵和懦夫

——————●——————

⑨

对于感情，相信很多男人在这方面并不是强项，有些人一味地相信缘分，相信一切都是命中注定，以至于在该爱的时候不敢去表白、去行动，而在该分手的时候却又舍不得、放不下，到最后，错过了真爱，留下了痛苦。而造成这一切的原因就是男人不够狠。是爱是恨，绝不拖泥带水，干脆利落地给自己一个交代，这不仅是男人的本色，更是幸福一生的保障。

敢于主动 争取真爱

　　每个男人都会历经一段恋爱的季节，但是喜欢一个人对他来说也许并不是一件轻松的事。在真爱面前，再强大的男人也会害羞，他几乎不敢正眼看自己中意的女孩子，何况还那么漂亮。

　　这是他的初恋。男孩备感珍惜。他说不论女孩是否心中会有他的影子，他都会把这份爱藏得很深，像守护一颗玉盘上的珍珠。夜晚，他把大部分时间留给了女孩，为她写写画画。男孩的画极挥洒，可他仍然没有信心。他猜测着女孩会不会喜欢这些。

　　一天，男孩来到的女孩家门前。他沉默了好一会儿，转身拐弯来到女孩小屋的窗前，这是女孩家后面的一条巷子，没有什么人。他看到窗内粉红色的光晕，这种类似于梦的颜色使他不知道身在何处。他特别想凑过去看看屋内的女孩，但他觉得不太道德，没有动。从此男孩每天都在女孩家的窗下等候，希望能看到她。

　　一天，男孩学习完毕，匆匆赶往那里。可是他却发现女孩家窗户里的灯没亮。他在暗中猜测设计着各种情形，也许女孩睡觉了，或者到别的屋里看电视？他知道这么晚了女孩不会出去。在他守候的半年里，多次碰到一群骑山地车的男孩们晚上邀请女孩出去，女孩都婉言拒绝。这也是他心甘情愿守护女孩的重要原因，他觉得值。男孩胡思乱想了一阵，跺跺脚终于走到女孩家门前，对着门，他伸手想敲门，动作却在半空中凝固住。

　　男孩还是碰到女孩了，今晚真的出去玩了。男孩心很痛，在男孩没有来得及做好过路客的准备时，女孩悄无声息地站在他背后。"有事吗"女孩静静地问他。"没有，我的朋友在巷子那边，路过。"男孩转过身，语无伦次地问答，女孩还是问："你确信没有事情找我？"男孩嗫嚅说："我确信。"女孩语气突然变得愤怒，她说："你没事，我有事，明天我生日，你能来吗？"

男孩的眼睛在黑暗中分外有神，他坚定地说："当然能来。"他几乎蹦跳着要跑开，女孩把他叫住："明天来了。敲门好吗？"男孩重重地点点头走了。

男孩兴奋了一天，他出出进进掩饰不住内心的激动。男孩精心制作了一张卡片，写上了刻骨铭心的一句话。

晚上，男孩穿戴整齐地来到女孩家门前，轻轻推了一下，门紧闭着，院内似乎有亮光。

他鼓起勇气，很轻很轻地敲了敲门，没有人出来开门，男孩尴尬地平整了一下西装口袋，伸手又轻轻地敲了敲门，那声音小得连他自己都听不到。

男孩觉得似乎上当了，站了很久。没有人出来，男孩以为女孩戏弄他。于是捏着那张卡片回家了。

从此以后，男孩再也没来过。

原来，男孩敲门的声音太小，女孩根本就没有听到。

其实，爱情是一种军中的服役，怯懦的男人，就退出吧，懦夫是不配保护这些旗帜的。幽夜、寒冬、远路、辛楚、烦劳，这全是在快乐的战场上所必须忍受的；爱情就如一朵开在悬崖绝壁上的芬芳的花，摘取它必须有足够的勇气。

不知取舍
只能错过

当情况不明而又亟须你作出决断时，一个哪怕错误的决定也要比瞻前顾后强得多。有一位作家说过："世界上最可怜又最可恨的男人，莫过于那些总是瞻前顾后、不知取舍的人，莫过于那些彷徨犹豫的人，莫过于那些优柔寡断的人，莫过于那些容易受他人影响、没有自己主见的人。"对待事业如此，对待感情更是如此。

有一天，有一个在恋爱中的年轻人很想到他的女友家中去，找他的女友出来，一块儿消磨一个下午。但是，他又犹豫不决，不知道他究竟应该不应该去，恐怕去了之后，或者显得太冒昧，或者他的女友太忙，拒绝他的邀请。于是他左右为难了老半天，最后，他勉强下决心去了。

但是，当车一进他女友住的巷子时，他就开始后悔不该来：既怕这次来了不受欢迎，又怕被女友拒绝，他甚至希望司机把他现在就拉回去。

车子终于停在他女友的门前了，他虽然后悔来，但既来了，只得伸手去按门铃。现在他只好希望来开门的人告诉他说："小姐不在家。"他按了第一下门铃，等了3分钟，没有人答应。他勉强自己再按第二下，又等了2分钟，仍然没有人答应。于是他如释重负地想："全家都出去了。"

于是他带着一半轻松和一半失望回去，心里想：这样也好。但事实上，他很难过，因为这一个下午没法安排了。

你能猜到他的女友在哪里吗？他的女友就在家里，她从早晨就盼望这位先生会突然来找他，带她出去消磨一个下午。她不知道他曾经来过，因为她门上的电铃坏了。那位先生如果不是那么瞻前顾后，如果他像别人有事来访一样，按电铃没人应声，就用手拍门试试看的话，他们就会有一个快乐的下午了。但是他并没有下定决心，所以他只好徒劳而返，让他的女友也暗自失望。

瞻前顾后、犹豫不决的做法使人错过许多纯真完美的爱。很多时候，很多事情，如果我们能再狠一点，横下一条心去做，那么，结果或许就会大不相同。

别因矜持
而使爱溜走

在对待感情的问题上，我们的传统观念一直认为含蓄内敛是一种"美"，可事实上，爱跟"美"是两回事，特别是对于男人而言，如果为了"美"而一味地矜持，那么，爱情就会从你眼前溜走。

好朋友是网球迷，他在好友的熏陶下，也逐渐对网球产生了浓厚的兴趣。几乎每个周末，他都会到网球俱乐部去打球，虽然打得很差。一天，他看到好友和一位女士正在打球，她身材颀长，身穿粉色T恤和白色球裤，显得极其秀丽端庄。他们的网球打得很好。看着那近乎专业的球技，他倒吸了一口气，顿时为自己的三脚猫功夫而惭愧弗如。

可是好友已经看见了他，在后面喊他"一起玩玩嘛"。

他收住了脚，硬着头皮走下球场。好友把球拍塞给他。

他连声解释自己"打得很差很差"，那位女士却温和地微笑着，眼神中有丝丝鼓励的光彩。她尽量把每一个球都打在利于他接的点上，对他打飞的球也尽力跑去接上。他有一种和教练打球的感觉。勉强打了一会，他就退下去了。他想她一定觉得很没劲。他为自己羞愧不已。

那女士却说他很有打网球的天赋。临分别时，他们互赠了名片就告辞了。

从此以后，这成了他们之间的默契。他会在每个周末的下午给她打电话，告诉打球的时间地点。他们一起打球、聊天，有时一起吃饭，就像一对老朋友。但他们之间的谈话也仅限于网球等，对于感情方面的事情，都闭口不谈，惟恐彼此伤害了对方。

两个月后，在那固定的周末时间里，她没有等到他的电话，那一整天她都心神不宁郁郁寡欢。她一直坐在电话机旁。每次电话响起，她心中都会腾地升起模糊的希望，但当她拿起话筒时，却不是他的声音。

夜已经深了，她依旧坐在沙发里，膝上的书已摆了很久很久，却一页也没翻过去。书面上放着那张名片，那上面很清楚地印着他的电话和手机号码。每一号码她都能随口说出，但始终没有勇气伸手拨动那些号码。

她以为她可以很潇洒很不在乎。从他们交往的第一天开始，她就对自己说总有一天这一切都会结束的。她是一只丑小鸭，不是白雪公主。她从来不问他愿意约她打球的原因，她从来不探究他对她的看法，也不分析自己对他的感觉。她怕受到伤害。她以为她把自己保护得很好很好了，但现在当这一切来临的时候，她何以会如此伤心？

她等待了三个星期，他不再有一丝消息。

岁月顺流而过，它以淡忘的方式治疗了一切的创伤。

一年之后，好友生了一个千金。满月时请她参加庆祝party。

于是她和他相遇了。他看上去几乎没有变化，依旧是那么高贵挺拔，脸上挂着祥和的笑容。

见了她，很平静，就好像什么事情也未曾发生过，她淡淡一笑，走开了。

好友说他最近结婚了，娶了个富家女。

从好友的家里出来，她走向公共汽车站点。这时有人在后面叫她。她回过头去，是他。

她的心里一霎间涌出万分复杂的感觉。最后，她深吸了一口气，决定摆出无所谓的态度。"嗨，有事吗？"她问他。

他看着她，一时无语，失去了那与生俱来的安静沉着，他竟然有些无措。过了好一会，才开口："我送你。"

"多谢，不用了。"她转身要走，"再见。"

他急急跨前拦住她。"我后来……出了车祸。"他冲口而出。

她一怔，猛地抬头，"什么？"

"我出了车祸，在医院里躺了两个月。"他说，"所以没再约你打球。"

"我不知道……"她喃喃低语，随即问"你没事吧？伤在哪里了？"

"我没事。"他又微笑了。仿佛她的关怀鼓舞了他，他已从不安中恢复过来，只是笑容有点苍凉。

"那你为什么不告诉我？"

他笑容中的苍凉加深了。"我认为，你对我的出现与消失毫不在意。如果你有一点点在意，你会主动给我打一次电话，那么我会告诉你我需要你来照顾。一直在等你的电话，我等待了整整两个月……"

法国著名作家雨果在逝世前一天写下："爱就是行动"。的确，爱情只有凭借人的主动性，才能变成现实。当爱情到来，就应勇敢地对所爱的人表达出来，抓住爱情，避免因错过机会而造成一个人的痛苦、两个人的悲剧。

$$\Big[\quad \begin{array}{c}\text{珍惜}\\\text{所拥有}\end{array}\quad\Big]$$

有人问马库斯·安东尼："世间什么才是最珍贵的？"马库斯想了想，回答到："世间最珍贵的是'得不到'和'已失去'。"

是啊，得不到的令人向往，已失去的令人伤心，可见，得不到的和已失去的都是那么的重要。得不到的我们没有办法强求，但是我们拥有的却不应该让它变成失去的。对于爱情也是一样，不强求于得不到的，但要珍惜自己所拥有的。

曾经有一对相爱的青年，结婚前一天，男人要给女人买戒指。走进商厦，女人吞吞吐吐地说："我不要这个，你给我买个呼机好不好？"

那时候，传呼机刚刚上市，价格不比戒指便宜多少。在女人的坚持下，男人就用买结婚戒指的钱给她买了一只漂亮的汉显呼机。

回到新房，女人就把呼机别到了男人腰上，男人问："这个是送给你的，你怎么给我戴上了？"女人笑吟吟地说："这样，我想你的时候可以随时跟你说话。而且，我可以随时找到你了！你答应我，不管什么时候，不管你有多忙，只要我呼你，你就得给我回电话哦！"

从此以后，呼机上常常会显示这样的信息："老公，下班了早点回家。""老公，我想你，我爱你。""老公，我去门口等你。"每次看到这些，他的心里便觉得十分温暖。即使不需要回电话，只要可能，他也会打个电话过去，听听她的声音。

有一次，传呼机的电池没电了，又恰好遇到一件重要的事，男人应酬到半夜才回到家。他推开房门一看，发现妻子早已哭红了眼睛。原来从丈夫下班的时间算起，她每隔一刻钟就呼他一次，他越不回电话她就越着急，总以为发生了什么意外，直到他推开家门，她才把话筒放下。

丈夫对妻子的小题大做有点不以为然："我又不是小孩子，还能出什么事情？"妻子却说有一种预感，觉得他不回电话就不会回来了，男人拍拍妻子的脑袋，笑了："傻瓜！"不过，从此以后他一直没有忘记在口袋里放一节备用电池。

后来，生活富裕了，他想起还欠着妻子结婚戒指，便拉着她去商厦。可到了那里，妻子说："给我买个手机吧。"丈夫问："家里有电话，你又不经常出门，要手机干什么？"妻子笑着不说话。

那时候，丈夫早已有了手机。他们常常一个在卧室，一个在客厅，互相发着短信息。有一天，他一本正经地对她说："以后不要随便给我打手机和发短信了，我经常去一些严肃的场合，老跟你聊天不方便。"妻子一听不高兴了："那我要找你怎么办啊？"丈夫也有点不耐烦了："我又不是小孩子，整天老找我干嘛？"

在一个下雨的晚上，丈夫觉得回家不便，就去单位附近一个同事家里玩牌。正玩在兴头上，妻子用手机打来了电话："你在哪里？怎么还没回家？""我在同事家里玩牌。""你什么时候回来？""待会儿吧。"

输了赢，赢了输，妻子的电话也打了一次又一次。雨越来越大，同事提议玩一个晚上，这时妻子的电话又响了："你究竟在哪里？在干什么？快回来！""没告诉你吗？我在同事家玩，下这么大的雨我怎么回去！""那你告诉我你在什么地方，我来接你！""不用了！"说完丈夫就把电话挂了。一起打牌的朋友见这光景，都嘲笑他"妻管严"，一气之下，他就把手机关了。

天亮了，朋友用车子把他送回家，他开门一看，妻子不在家。也就在这时，家里的电话响了，是岳母打来的，电话那头岳母哭着说他妻子深夜冒着雨出来，骑着自行车，带着雨伞去他同事家找，找了一家又一家，路上出了车祸，妻子再也没有醒过来……

丈夫一下子晕倒在地。等他醒来，打开手机。只见上面有一条妻子发的未读留言："你忘记了吗？今天是我们的结婚周年纪念日呀！我去找你了宝贝，别乱跑，我带着伞哪！"

丈夫泪流满面，一遍遍地看着这条短信息，他觉得那一个晚上他失去了整个

世界……

从这个故事中，我们可以得到的结论是：人生必须珍惜现在所拥有的，不要等失去以后才意识到他（她）的珍贵。

这世间，美好的东西实在数不过来了，我们总是希望得到太多，让尽可能多的东西为自己所拥有。其实，人生如白驹过隙一样短暂，生命在拥有和失去之间，不经意地溜走了，原来拥有的东西也随之改变了。因此，作为一个男人，当你拥有爱时，就尽力去呵护吧，不要等到失去以后才意识到珍贵。

爱在过程
不在结果

如果有人胆敢说：世界上根本不存在什么永恒的爱情，一定会有许多男人群起而攻之。因为他们正享受着甜蜜的爱情，并确信自己的爱情将是永恒的。

很多恋爱中的男人都相信永恒的爱情是存在的。但要知道的是，这种永恒只限于某季节之内，而决不是人们所期望的那种今生今世、白头偕老、相敬如宾是人生的真实所在，不过，它并非代表所谓的永恒爱情，实实在在的讲，这不过是一种相依为命的婚姻形式。

人世间，任何绝对意义上的真爱、永恒都是难以成立的，永恒的爱情，是人们对于理想爱情的憧憬，是一种完美主义的情结在作怪。而真正的完美是不存在的。

相信永恒的爱情对你百害而无一利。它使你无法客观地去对待感情之事，无法容忍人性中不可或缺的瑕疵。对爱情完美的挑剔与永恒的非难最终只会扼杀爱情，至少会让爱情失真，逐渐演变成一场虚伪的游戏并以分离而收场。

人生中任何一件事情都没有绝对的完美，爱情也一样。如果你狂热地陷入到对完美爱情的追求之中，只能让你丧失自我，失去判断力。

很简单的一种现象：大多数殉情者都是初恋的少男少女。初次涉及爱情，让他们完全丧失了自我，连同世界都不复存在了。对于这种年龄段的孩子们而言，爱情是伟大而神圣的。热恋中的情人根本不敢设想一旦俩人分手，还有什么活下去的理由。当然，他们也决不怀疑他们的爱情是永恒的。所以，爱情的破灭就等于生命的终结。

当然，所谓真爱的经历并不局限于初恋，也许是几次恋爱失败的遭遇，也许是婚后的偶遇。但是，无论如何，人们衷心期待并为之不懈努力的那种完美与永恒是不存在的。

爱情实际上只是一种人生体验，并不是人生的全部。没有必要为了并不存在的永恒而失魂落魄，甚至怀疑起整个世界。

爱情当然也需要永恒——在双方都热情高涨阶段中的永恒。在双方倾心相爱的那一刻，如果懂得珍惜，也就是永恒了。但是季节总是要变换，如果爱情不复存在了，再对它苛求永恒，只能是自寻烦恼。

如果你是一个完美主义者，你就需要在陷入爱情之前，给自己打个预防针，告诉自己理想的爱情是不存在的。

打破对完美爱情的迷信，你才能够坚强。

要知道，遭遇爱情上的不幸，从另一个意义上来说，恰恰是你的幸运。因为它使你有机会去体验更多次爱情的美妙与惊奇。即使你曾经深爱过的人离开，也不过是给你创造了一个重新选择的机会。更好的永远是后面的那一个。

冬天过去了，春天自然会到来。春天虽美，却也不是季节的唯一，夏、秋、冬各有其迷人的诗意与景色。

不必苛求永恒，也不必追求达不到的完美，人间处处都有风景，你只要懂得欣赏就好。

拿得起
更放得下

所有的感情伤害中爱情伤害之所以最痛，首先在于爱情的理想化，对爱情的理想不但是女人的渴望，也是男人的憧憬。爱情虽然甜蜜、幸福，但是爱的航程并非永远一帆风顺，风平浪静，有时会遭遇暴风、漩涡、暗礁，使爱着的人突然陷入失恋的深深痛苦之中。

正是由于对爱情寄予了太多的美好想像和希冀，所以失恋的男人常常会无止境地缅怀逝去的爱，在这缅怀的过程中，反复出现在自己记忆里的并不真正是一个完美的异性，而是自己杜撰的那份完美的感觉，失恋者在无形之中会将对方美化，赋予对方一些神奇的特质，于是他们更加舍不得放弃这段感情，更加舍不得离开那个人了，于是一种斩不断理还乱的感情常常搞得失恋者焦头烂额、痛苦不堪。

"人非草木，孰能无情"，怀着满腔热情去追求至善至美的爱情，换来的却是一盆冷水，这种痛苦当然可以理解，可是，痛苦、悔恨、轻生等都无法改变失恋的现实，与其长期沉浸在悲伤的漩涡中，不如勇敢地正视现实，学会自己抚慰自己那颗惨痛的心，让身心得到解脱。其实你总挥之不去的那个人，并不一定有那么好。一个理性的人，一个成熟的人，在对待感情方面要豁达，要拿得起，放得下，不可以藕断丝连，纠缠不清。

雨果20岁那年，与年轻貌美的阿黛•富谢结了婚。可是婚后的第10年，阿黛突然另结新欢，追随一位作家而去。这使雨果十分痛苦，又备受打击。次年，他结识了女演员朱丽叶•德鲁埃，两人坠入爱河，这才使他那颗伤痛的心得到抚慰。

阿黛离开雨果后，生活并不幸福，经济一度很拮据，几乎到了举步维艰的地步。一次，她精心制作了一只镶有雨果、拉马丁、小仲马和乔治•桑四位作家姓名的木盒，到街头出售，可是因为要价太高，很多天无人问津。一天，雨果从那儿经过看见了，就托人过去悄悄地买下来，这只木盒仍陈列在巴黎雨果故居展览馆里。

爱是无私的，经过了一段忧伤的岁月之后，雨果将怨恨化作了一种内心的安宁，这种安宁也就变成了一种高层次的美。

爱情全仗缘分，缘来缘去，不一定需要追究谁对谁错。爱与不爱又有谁可以说得清？当爱着的时候，只管尽情地去爱，当爱失去的时候，就潇洒地挥一挥手吧，人生短短几十年而已，自己的命运把握在自己手中，没必要在乎得与失，拥有与放弃，热恋与分离。

一个男人如果能把诅咒与怨恨都放下，就会懂得真正的爱。虽然在偶尔的情景下依然不免酸楚、心痛。

卢梭11岁时，被大他11岁的德·菲尔松小姐深深地吸引住了。他们很快像大人般地恋爱起来。但不久卢梭就发现，她对他的好只不过是为了激起另一个她偷偷爱着的男友的醋意，他年少而又过早成熟的心便充满了一种无法比拟的气愤与怨恨。

他发誓永不再见到这个负心的女子。可是，20年后，已享有极高声誉的卢梭回故里看望父亲，在波光潋滟的湖面上，他竟不期然地看到了离他们不远的一条船上的菲尔松小姐，她衣着简朴，面容憔悴。卢梭想了想，还是让人悄悄地把船划开了。他写道："虽然这是一个相当好的复仇机会，但我还是觉得不该和一个四十多岁的女人算二十年前的旧账。"

爱过之后才知爱情本无对与错，是与非，快乐与悲伤会携手和你同行，直至你的生命结束！卢梭在遭到自己最爱的人无情愚弄后的悲愤与怨恨可想而知，但是重逢之际，当初那种火山般喷涌的愤怒与报复欲未曾复燃，却选择了悄悄走开，这恰好说明世上千般情，惟有爱最难说得清。

世界上有很多在爱情生活方面不幸的男人，却成了千古不朽的伟人。因此，对失恋者来说，对待爱情要学会放弃，学会休整，毕竟一段过去不能代表永远，一次爱情不能代表永生。要知道痛苦终将过去，你受伤的心灵必将愈合。相信只要热爱生活，有爱的火种，就必然会有爱的新天地。一个男人如果经过婚姻感情的波折仍能振作，并保持笑对生活的心态，那就是值得尊敬的有种的男人。

对你的感情
负起责任

男人对待感情当然要"狠"一点，但要明白，这个狠不是盲目，而是在清醒状态下的雷厉风行的作风，这是对感情负责，更是对自己的未来负责。相反，如果盲目地狠，那就会葬送掉自己的一生。对于这一点，历史上教训数不胜数。

商纣王因为了了妲已而荒淫无度，置大好的江山于不顾，最终弄得群雄反之，被姬昌取而代之。

为了美人而不选择江山的李煜，最后落了个阶下囚的下场。吴王夫差选择西施，沉迷女色，导致国家败亡，身死人手。

唐明皇李隆基因宠爱杨贵妃，而导致了"安史之乱"，亲手葬送了自己励精图治建立起来的"开元盛世"，唐王朝从此走向衰亡。

盲目地选择了自己的另一半，很可能给你带来无可挽回的后果。托尔斯泰曾说："真正的爱情，不应该吞噬一个人的事业和理想，相反的，应该成为鼓舞人们向上的力量。"

成功的婚姻，可以使事业之路铺满阳光，唤起更多的激情。

马克思之所以能建立起自己的伟大学说以及与恩格斯共同写出伟大的著作《资本论》，与燕妮在生活上和事业上的照顾和支持是分不开的。

当年马克思和燕妮的生活十分贫困，二人并没有因贫困而抱怨生活，与之相反，他们以各自的爱互相支持对方的工作，燕妮以一个女人的温情给予了马克思无限的爱，使他在各种挫折中始终向着事业前进的方向迈进。

正是在燕妮的支持下，马克思才成为了创立马克思主义这一人类伟大理想的一代伟人。

有一句著名的谚语："每一个成功男人的背后都有一个支持他的女人。"有些历史名人之所以有伟大的成就，都归功于妻子的鼓励与支持。

孙中山革命的后期，他的第二任妻子宋庆龄女士给予他极大的帮助。有不少人这样说过：如果宋庆龄在孙先生年轻时和他成为夫妇，孙中山会更有作为。

周恩来称宋女士为"国之瑰宝"，而他的夫人邓颖超更赞誉她为"人中之杰，女中之杰……比荷花更高洁，比青松更坚贞"。

爱情的力量是伟大的，它使一个懦夫变成一个勇士，但有时也会使一个勇士变成一只温顺的绵羊。

约瑟芬既不美丽也不算年轻，但她所值得骄傲的，是因为自己拥有一份极宝贵的资产，这份资产却不是每个女人都能拥有的——那就是，她懂得如何驾驭男人。

约瑟芬根本不认识拿破仑，如何才能见到他呢？

聪明的约瑟芬想出了一条妙计。她差遣她那十二岁的儿子先去拿破仑那里，问他是否拥有他死去的父亲的一把刀。自然，拿破仑也是聪明人，他明白这突如其来的一问，一定有很深的主角，所以就答了一个"有"字。

第二天，约瑟芬满脸泪痕地去见拿破仑，感谢他的美意。

这真使拿破仑深深感动。她坦率的行动，特有的风情，富有魅力的身姿，异乎常人的言谈——她的一切，都令他迷恋、动情，他并且深信她的学识高过自己。

当约瑟芬请拿破仑吃茶点的时候，约瑟芬说："我相信，在将来，你一定可以成为历史上一位最伟大的将军。"

在这句话的激励下，拿破仑在新婚四十八小时后，便重返意大利前线指挥作战。

虽然他的军队素质良莠不齐，且久战疲惫，但在拿破仑"只许前进，不准后退"的命令下，经过几次激战以后，竟获得了最光荣的胜利。

这次胜利使得全欧洲的人，莫不惊服于拿破仑的军事才能，并认为这一战，是欧洲一千年来前所未有的激战，拿破仑的威名，也就传遍了全世界。

我们不否认拿破仑的军事才能，但我们也不能否认正是在约瑟芬的激励下，才使他的才能得到最大的发挥。

约瑟芬是一个十分聪明的女人，她深知如何去激发一个男人的巨大潜力，可以说她在婚姻上选择了拿破仑，而拿破仑也选择了约瑟芬，这种结合无疑是完美的。

当你选择了另一半，就意味着对其感情和事业负责，你就要不断激发其对生活的热情和对事业的虔诚。当你选择了对方，就要尊重、支持其事业，并把更多的爱倾其一身，以成就其完成更高的目标。

玛丽·居里出生于多难的波兰，是位羞怯、腼腆的女子。她因为发现新元素——钋和镭，而成为世界上妇孺皆知的女科学家。

她在巴黎大学攻读物理及数学时一贫如洗，曾因饥饿而昏厥。她以杰出的科学成就两次荣获诺贝尔奖。第一次是1903年与丈夫一起获物理学奖，第二次是1911年的化学奖。

到巴黎三年后，玛丽结婚了。夫婿和她非常匹配。虽然他才三十五岁，但已是法国一流的科学家。

过了三年，居里夫人着手准备提交博士论文，她决定把新发现的问题——铀为何能放出辐射线？——作为她的题目。

皮耶·居里停止了自己的实验，帮助妻子共同研究这种新元素。终于，居里夫人将这个放射性金属命名为"镭"。

居里夫妇工作最大的动力是他们之间的"敬爱"——如果没有这份感情，人类世界的医学史与科学史恐怕就要改写了。

婚姻是人生中最重要的结盟。它是心、身、灵与经济的联系……当一对夫妇心灵肉体一致，目标一致，这个无价的结合可以令他们飞向无限的高峰。

如果不爱，
就不强求

"如果婚姻已经没有了感情的基础，你是选择离婚还是继续维系家庭的存在？"——这个问题曾在国内某一著名网站上展开一个月的大辩论，围绕着选择家庭还是选择爱情网友们畅所欲言。

许多男人认为应该选择维系家庭。他们认为结婚不是小孩子过家家，今天跟这个好，明天又选跟那个好。既然有了婚诺，就不只是爱或不爱那么简单。家庭是一份承担与责任，对另一方的责任和对孩子的义务，都不是随便一句放弃就可以交代过去的。而妻子又有何过错，要为丈夫一个简单的"不爱"而付出代价。

他们认为爱情在激情中渐趋平淡，婚姻在平淡中渐趋伟大。众所周知，爱情不会永远都处于热恋状态，感情趋于平淡是婚姻中正常的现象。婚姻需要经营，不能因为新鲜感没有了，就换一个新的。谁能保证新换的这个永远新鲜如初？是不是过一段时间还要再换一个更新鲜的。人的青春可以赌，但不可以承受一赌再赌。感情出问题，要求的是如何解决，而不是从第三者那里去寻找远去的激情，因为激情不会永远存在。他首先不应该因为爱情而拆散家庭，而应该想着如何找回家庭中的温馨。

而且从离婚带来的后果来看代价也太大：首先是孩子，无数社会事实说，离婚对孩子的伤害远比父母们想像得要高得多。离婚会给他们幼小的心灵蒙上沉重的阴影，甚至毁了孩子的一生！其次，两个人由相知才相爱到结婚、再到支离破碎、分手该是充满仇恨吧，一个被丈夫无情抛弃的女人谈何幸福。再次，再婚的家庭难保一定会超过现在的家庭，来自社会的各方面流言指责都会对再婚家庭产生无形的压力。因此大多数第三者插足组成的再婚家庭都以怨恨结束。

而另一部分人则认为应该选择真爱。诚然，没有爱情的婚姻是不道德的婚姻。如果婚姻已死亡，我们大可做好朋友，追求真爱才是人之向往。一份没有爱情的婚姻，对每一个人都是痛苦的折磨。妻子能忍受丈夫的冷淡吗？孩子能忍受父母三天两头的争吵吗？把一个已经没有了爱情作为粘合剂的家庭勉强凑到一起是徒劳无益的。

他们认为维系家庭无异于慢性自杀，为了照顾妻子和小孩的感情而勉强继续婚姻是徒劳的。对于一个自己已不再爱的人，自己如何去维系，再留下来只能给她更大的伤害。既然真爱已经出了轨，责任和义务自然就已不能成为家庭继续完整的理由。被丈夫抛弃的女人不一定就不会幸福，最起码她不会被不幸的婚姻浪费自己余下的青春。

既然婚姻已经走到了尽头，就应该勇敢地面对它。感情是不能勉强的，没有感情的婚姻是没有任何意义的。分开会给双方一个重新开始生活的机会。履行家庭责任的确是非常令人敬佩的，但明知自己心不在此，偏留于此纠缠，这不是负责任，而是一种强逼的自虐。人活着的目的是为了完美的生活，不是为了维持破裂的婚姻。

生活中，有很多家庭是名存实亡的，但却仍在维持着。总结起来，不外乎这么几条。一是因为孩子，毕竟夫妻离婚受到伤害最大的是孩子，双方出于对孩子的爱，而维持着这个婚姻。二是因为经济方面的原因，这个家庭有很雄厚的物质基础，而一旦离开了，生活就会变得很困难。三是社会的原因，比如说社会的评论、道德、良心等等，迫使他们不得不维持着没有意义的婚姻。四是彼此仍有感情，但却在很多方面很难协调，为了不伤害对方，不辜负对方的爱，而维持着婚姻。

有这样一对夫妻，他们的结合完全是受了父母之命，他们本不是同一个阶层的人。丈夫是一个大学生，而妻子却是一个连初中都没有念完的农民。他们的生活很单调，一年四季都是这样：丈夫上班回到家里，吃饭，睡觉，看电视，而妻子在家里就做家务。他们之间是没有什么感情而言的，丈夫所说的一切妻子都不懂，他们也没有共同的语言，他们就这样的生活了20年。他们之所以没有离婚，总是想女儿还小，如果离婚了对于她的伤害一定很大，所以一直等到女儿参加工作，可他们也老了，想到这么一大把年纪了还闹离婚会让人笑话，所以也就放弃了。

　　他们没有离婚，是因为年龄太大了，这是可以理解的。那么两个年轻的人，彼此在一起生活不快乐，但却仍然维持着名存实亡的家庭，这又是为了什么呢？

　　婚姻美满要靠夫妻双方共同经营，共同珍惜。如果感情的基础出现了动摇，那么作为男人，你应该主动面对问题，寻找挽救的方法。如果两颗心已经走远而无法挽回，那也不必强留，彼此保持良好的印象，友好地分手，好合也要好散。这样也可以彰显出你的绅士度量和气质。

三心二意之人不配幸福

社会上很多男人都以能坐享"非分"之福而得意洋洋："家里红旗不倒，外面彩旗飘飘"；"家里有个爱人，外面有个情人"，这才是上等男人的生活。事实上这种"上等男人"的日子并不好过：既担心"前院"爆炸，又害怕"后院"失火。同时，又得背负对情人的责任和对妻子的愧疚，日子过得提心吊胆，一旦事情闹穿帮，不是家庭破裂，就是名誉扫地。

刘某在一家会计师事务所任职，衣着贵气、风度翩翩。别人看着他时，眼里总是透着羡慕！事业上一帆风顺，家中还有一位如花美眷，人生至此，夫复何求？其实别看刘某表面风光，他也有一肚子的苦恼：妻子比刘某小5岁，年轻漂亮，大学毕业后就嫁给了他，现在在家中做全职太太。妻子没什么不好，但总是把生活重心放在他身上，这让刘某有种被动压抑的感觉。但最近刘某又添了一个烦恼，那就是他的情人佳佳。佳佳是事务所的一名实习生，活泼美丽，尽管知道刘某已经有了妻子、孩子，还是不顾一切地甘心当他的情人。最初的一段日子，刘某过得很甜蜜，但慢慢地麻烦就来了：妻子责怪刘某不回家，佳佳抱怨刘某不陪她；今天妻子要刘某陪她逛街，明天佳佳又要求去吃烛光晚餐……刘某经常是左支右绌，里外不是人！渐渐地，刘某觉得自己过得太累了，对着妻子作贼心虚，既觉得有愧，又害怕被拆穿；和佳佳在一起时，总得小心翼翼地讨好她，没有片刻轻松，何苦来呢？刘某真不知道该怎么办了！

男人刚开始婚外恋时，会觉得一切都显得新鲜刺激，整个人都年轻了十岁，好像又重温了过去恋爱的种种：期待电话的心情，怦然心跳的感觉，或是兴奋地想要引吭高歌，或是一股暖流涌过心头。整个人好像活在梦幻中般轻飘飘的。

但很快他就会发现自己如今除了要向妻子尽义务外，也要向情妇尽义务。他必须同时满足两个人对他的期望。因此他在两个人之间疲于奔命，没有一点属于自己的时间。刚开始原以为自己找到了一处没有责任、可以自由休憩的"世外桃源"，没想到如今这块乐土也变成有义务、要负责任的负担。

刘某决定和佳佳分手，但事情远没有他想像的那么容易——佳佳坚决不肯分手，反而要求刘某和妻子离婚。这可把刘某吓坏了，他怎么能抛妻弃子呢？佳佳干脆告诉他，如果他再提分手，自己就去找他妻子，把事情捅破。这回刘某可明白什么叫做作茧自缚了，可是这时后悔已经太晚了。3个月后，妻子发现了这件事，她愤怒地找到事务所大闹了一场。"狐狸精"佳佳被解雇，刘某在公司颜面扫地，也只得辞职了。佳佳在跟他要了一笔钱后去了上海，而妻子虽然为了孩子并未与他离婚，但却总是对他冷冰冰的，甜蜜的气氛很难找得回来了。

男人家庭观念很强，但偏又忍不住外界的诱惑，吃着碗里的，看着锅里的，总幻想着"贤妻美妾"的生活。这种想法其实很可笑，前两年那部反映中年人情感的电影《一声叹息》中的那位可怜的丈夫，就是一些人的真实写照。

实际上，对许多男人来说，他们发生外遇，只不过是因为一时心血来潮，这跟他们对妻子的感情毫无关系。路边一朵"野花"正迎风摇曳，他们顺手就"采"了下来，如此而已。他们从没想过要把"野花"栽入盆中，细心培植，野花哪有家花香，他们要的是"野花"一时的鲜艳和美丽。因此当事情败露，妻子决绝地远去时，外遇男人既痛且悔：为了一夜风流而赔上一个幸福的家庭，实在是得不偿失。

陈某的婚姻一直平稳幸福，妻子知书达礼，温柔体贴，婚后夫妻俩恩爱有加。但后来，陈某却和一个二十几岁的年轻姑娘有了一段婚外恋。陈某并非"花心"，只不过中年时忽感年华逝去，来日无多，于是不自觉地放任了一下……事情公开后，他百般努力，坚决不想离婚，但他的妻子却坚决不能容忍！这令陈某后悔不迭，他万万没有想到，几夜风流竟然惹下如此巨祸，生生地拆散了他好端端的家啊！

离婚之后，陈某没有再婚，独身了很多年。他生活再也没有规律，暴饮暴食，以至于几年后，他再次遇到前妻时，不得不遗憾地告诉前妻：他的身体早就不好了，动脉也早硬化了……

在这个例子中，丈夫其实还是很爱妻子的，至少他不想失去家庭。婚外情对他而言只不过是"几夜风流"，是为了证明自己魅力依旧的一时心血来潮。特别是那些工作勤奋的男人，总觉得自己错过了人生中最好的年华，仿佛从来没有享受过生命的乐趣，而他们真正热爱的正是及时行乐，于是，看到年轻的女孩子，他们就会想重新来过，求得一段露水姻缘，弥补一下自己的缺憾。

赵明，私营企业老板，已离异一年。赵明原来在一个机关单位上班，后来在妻子的支持下辞职下海，自己当起了老板。在开头的几年，赵明还很能把持得住自己，尽量减少应酬，有空就陪孩子老婆，可是后来赵明结识了一个三十多岁的单身女人，那女人既精明又独立，是个不婚主义者，和妻子是完全不同的两个类型。一次，两人一同去杭州开会，也许是因为旅途寂寞，两人发生了不该发生的事。赵明并未在那个女人身上投注什么感情，他觉得这只不过是男欢女爱各取所需。世上没有不透风的墙，敏感的妻子很快就发现了他的不忠，那天他一回家，妻子就把一叠照片摔在他的脸上，冷冷地问了句"家花没有野花香是吗？别着急呀！我现在就给你的'野花'让位！"赵明整个人都呆了，他没有想到妻子竟然会发现这件事，更没想到妻子要为此离婚，他赌咒发誓、百般哀求，但倔强的妻子还是带着孩子离开了他。

这一年来，赵明过得很不好受：他虽然有超大面积的楼房，但却冰冷得像旅馆；他身边有很多女人，但却没人会像前妻那样叮嘱他"开车小心"；没有人会像妻子那样做好可口的家常饭菜，等着他一同分享！一失足成千古恨啊！

生活中，很多男人也和赵明一样，他们外遇没任何目的，只不过是因为一时放纵，虽然心里也觉得对妻子有所歉疚，但却不会自责过深。从某种角度讲，这种男人其实是很天真的：他们认为自己对妻子是爱，对情人是性，因此并没有真正对不起妻子，问题不会太严重。而在女人看来身体的不忠就是背叛，没有任何可以原谅的余地。男人的说法只是一种借口。

所以，如果你还不想和妻子离婚的话，就最好别去碰婚外情，这是一颗定时炸弹，说不定什么时候就会"炸"得你妻离子散。

很多男人开始婚外情，都是为了寻找一段新鲜的刺激，并不想因此失去好丈夫、好父亲的名誉。但实际上，一旦他们迈出这一步，未来的发展就不是他们能控制了的。即使侥幸能回到妻子的身边，也得永远背负违背家庭道德的罪名。为了一段偷偷摸摸的欢愉，闹成这样值得吗？

如果你还是个男人，如果你心里还有你的家，那么，就请你坚决地断绝婚外恋的念头。

给爱一些
包容和理解

对成家的男人来说，妻子已经成为了他自己的一部分，如手足一般的亲情已经使他们失去了欣赏妻子魅力的能力。于是在他们内心深处，就渴望拥有一位红颜知己。然而你最好不要去尝试，因为你的出轨将会给你的妻子带来难以挽回的伤害。

"当我知道你背叛了我之后，我对你不再有特别的感觉。在内心深处我已经不知道还有什么是值得信任的。"

这段话是A女士第一次得知丈夫不忠时的失落心境。没有思想准备的受伤者对伴侣、生活和生存世界的看法可能从此分崩离析，不再完整。

遭背叛的妻子是无辜的，是可怜的，她们的身心可能处在强大的冲击波中，整个世界与公理仿佛离她远去。过去感觉总是很好，而今信奉的"爱是信任"的准则第一次出错，掌控生活、自尊、自信等种种概念也都烟消云散。受伤害者常常会感到自己正被所有的人抛弃——家人、朋友，甚至对自己也开始感到陌生起来，常常从一种极端的感觉摆荡到另一极端。她还会忍不住问："我到底做错了什么？"

事实上，这一切了无头绪的感觉正是一般人对这一猝不及防创伤的正常反应。向人不断地哭泣，不只是因为她对婚姻关系的失望，也因为多年来自己一直在编织的梦幻破灭了。原以为自己在另一半眼中是独特的，两人所分享的亲密关系将始终不渝。然而，面对纷扰事变的骤然来临，拥有过的一切已荡然无存。

42岁的吴女士是外资公司的行政经理，她的遭遇就是相当典型的。

"在我先生承认他有婚外情的那一天，我在上班途中迷路了。"她说，"我坐了好长一段路，所有人都下车了，我才发现自己坐错了车。在终点站下车后，我看着周围不熟悉的景物既无助又彷徨，然后我就穿着高档的套装坐在街头大哭了一场！"

受伤的伴侣可能有种种不同的失落感。所有这些失落都源自于失去伴侣的自我迷失。这种自我的失落所引发的痛苦程度远甚于其他人或物的失落。我们都曾听到过受到背叛的人这么述说："我的心碎了！""我还能活下去吗？""我的心死了！"为何会如此伤心至极？因为受伤害的一方突然感觉到的是失去了自我。

婚外情暴露，中年男人就会奋力在思绪混乱中试图找回生活秩序，可是情人必定是没有多余心思来体谅你的困境、你的为难。无论是挣扎在是否与情人说分手，还是为失去情人而忧伤，都只能由自己去面对。期望得到对方的怜悯或谅解，只会让妻子离得更远。

震惊、痛苦、愤怒、绝望，是受伤妻子最为常见和典型的反应。如果男人期望这些反应会很快消失，那只有徒增自己的挫败感。没有快速的治疗法可以使受伤害伴侣对婚外情事件保持绝对平静。恢复受伤伴侣的信任是孕育在时间胚胎之中的。这不仅因为男人的勇气和诚信度需要经过实践来加以检验，同时因为受伤害伴侣深入骨髓的伤痕也需要时间加以慢慢抚平。于是为了破镜重圆，男人只能用耐心和忍耐安抚受伤的妻子。

虽然在婚外情事件中，受伤害妻子的遭遇和痛苦最令人同情和理解，但男人的日子也绝不会好过，因为被伤害的妻子往往会要求他在情感上立刻和情人一刀两断，然而这是他暂时无法承诺和做到的。因此他会进入不得不继续说谎的境地，或者不得不摊牌，从而加速婚姻关系的震荡和解体。男人不希望伤害到自己的情人，但又不希望再伤害妻子，毕竟自己的婚姻伴侣正在为自己的婚外情事件而深深痛苦着。面对这种情况，我们的建议是不忠的男人应努力控制自己的情感，早日理清迷失的思路，停止在婚内和婚外间的徘徊。如果你想诚实地面对自我，不妨听一听那些与你的决定不涉及利害关系、身处"旁观者清"地位的人的建议，比如可信赖的好朋友、同事、心理医师。他们最能看到正处在危机状态的婚姻的症结所在。他们的建议将有助于当事者在错综复杂的"家务事"中理出一条清晰脉络来。

40岁男人已和妻子共同走过十几年，爱情已变成了浓浓的亲情，那么你真的忍心伤害曾经与你甘苦与共的妻子吗？你真的愿意把一手打造的温馨家庭推入痛苦的深渊吗？在你有所行动之前请三思而后行。

信任是维系感情的重要纽带

男人都说女人好猜疑，殊不知，一些不自信的男人猜疑起来也是当仁不让。女人猜疑情有可原，但是男人就不应该了。爱就是爱，不爱就是不爱，整天猜来猜去，是男人的作风吗？你要知道，猜疑是感情和婚姻的刽子手，本来好端端的婚姻，就因为一方的猜疑而支离破碎。除非你有真凭实据，否则就死心塌地地爱你的家，爱你的女人，这才像个爷们儿！

一个真实的老故事：有一位丈夫发现妻子有个抽屉老锁着，很不放心，于是设法背着妻子打开抽屉，见里面放着一束信，是一位男人写的，语言相当亲密，看来彼此关系远非一般。他万万没有想到自己的爱妻竟然瞒着他干这样可耻的勾当，气得如同一头狂怒的野兽，当晚就把妻子给掐死了。不久，他妻子的朋友——一位伯爵夫人来他家，说是曾委托他的妻子存放一束密信，现在要取走。这下他才明白真相：那些信不是写给他妻子的。他错怪了妻子，悔恨莫及。

又如莎士比亚的名剧《奥赛罗》，描写了国王的女儿苔丝德蒙娜冲破家庭和社会的重重阻力，同奥赛罗这样一个出生卑贱、肤色黑黝的将军结婚。婚后的生活十分美满，然而，奥赛罗部下一个军官尼亚古出于卑鄙自私的目的，编造谣言，制造陷阱，挑拨他们的夫妻关系，使奥赛罗对忠诚纯洁的妻子产生了猜疑之心，在一个漆黑的夜晚竟用被子把苔丝德蒙娜活活闷死了。后来，奥赛罗知道了事情的真相，追悔莫及，自刎于妻子身旁。

多么可悲啊！生活中也不乏因猜疑而损人害己的事例，因此，在婚姻生活中应设法克服这种不正常的心理现象。如何克服呢？

1. 想法不要太主观

一些男人在婚姻生活中之所以常产生猜疑心，一个重要的原因就是思维方法上主观臆想的色彩太浓，无根据地加强心理上的消极自我暗示。这自然是不好的。解决的方法也简单：那就是多和对方交流思想，交心才能知心。人们常说："长相知，才能不相疑；不相疑，才能长相知。"这话是很有道理的。夫妻间只有做到襟怀坦白，开诚布公，才能相互信任。有了这个牢固的基础，主观色彩很浓的猜疑心自然会烟消云散了。

2. 自我暗示要积极

当你对妻子的怀疑越来越重的时候，要尽力提醒自己"刹车"，想办法加上一些"积极的想法"，如："也许是我弄错了"，"她也许不是那种对爱情不专一的人"，等等，以打破自己的怀疑。条件允许时，可做一点调查，以澄清事实真相。

3. 多信任和尊重对方

我国著名电影演员达式常仪态潇洒，风度翩翩，尤其是他塑造了许多栩栩如生的艺术形象后，不少多情姑娘纷纷写信给他，向他表露衷情，有的还寄上楚楚动人的照片，愿意同他交个"朋友"。达式常把这些信都交给了妻子王文皓，因为他信任妻子。妻子也从来不干涉达式常的拍片需要，不止一次地对他说："片子中该怎么演就怎么演，我相信你！"尽管达式常因工作需要，经常离家外出，同姑娘们打交道的机会也很多，但王文皓从来没有猜疑过。

如果有了达式常夫妇那样的互相了解和信任，猜疑的蛀虫就难以在人们的爱情生活中生存。

4. 不要轻信传言

不少猜疑都是由别人的闲话引起的。莎士比亚的名剧《奥赛罗》中的主人公之所以最终会害死自己曾经深爱过的妻子，就因为他的部下向他活灵活现地描绘了他妻子偷情的经过。其实，这完全是一种陷害。

埃及电影《忠诚》中的卡玛医生，也是在表妹的挑拨下，对妻子产生怀疑，并在一气之下，将妻子逐出家门的。实际上，他的妻子却深爱着他！当时，卡玛医生丢了工作，家庭经济拮据，妻子为了补贴家用，又为了顾全丈夫的面子，就悄悄外出充当富人的家庭护士。她搀扶着的那个男子，就是她的主人：一位有钱的盲人。但是，卡玛医生却认为妻子在背着他偷情。

所以，对于别人的闲话要分析。应该看到，生活中"长舌妇（夫）"确实有，即使有些亲朋好友出于好心，向你通报你爱人的外遇情况，也不能一听就信，因为很难保证这些情况中没有失真的成分。

5. 不要意气用事，而要冷静分析

人在猜疑的时候，容易被封闭性思路所支配。这时，自己的冷静克制绝对需要。要多设想几个对立面，只要有一个对立面突破了封闭性思路的循环圈，你的理智就可能及时得到召唤；冷静分析以后，仍然难以解除猜疑，那就应该及时交换意见，从而开诚布公地听听对方的解释。有了猜疑却长期闷在心里，就会越想越气，爱人却感到莫名其妙，结果既解决不了问题，还可能使矛盾进一步扩大甚至恶化，于人于己都不利。

总之，如果你希望自己的婚姻幸福，就要对妻子多一点信任，少一点猜疑。遇到什么事情，你可以坐下来和妻子心平气和地谈一谈，这才是一个男人解决问题的方法。